致密砂岩油藏 CO_2 驱储层伤害机理

王 琛 ◎ 著

中国石化出版社

内 容 提 要

CO_2 驱作为目前提高油气采收率的有效方法之一,已开始广泛应用于各类非常规油藏,并取得了较好的效果。在 CO_2 驱替原油的过程中,CO_2 与原油相互作用会产生沥青质沉积现象,同时 CO_2 溶于地层水形成的弱酸性溶液与孔喉相互作用又会产生溶蚀、溶解效应。本书系统总结了致密砂岩油藏 CO_2 驱油过程中,沥青质沉积效应和矿物溶蚀效应对储层微米、纳米级多孔介质产生的影响,定量评价了孔喉系统发生堵塞伤害的作用程度,从本质上揭示了致密砂岩油藏 CO_2 驱的储层伤害机理。

本书可供从事油气田现场工作的科研人员和工程技术使用,也可作为高等院校有关专业师生的参考书。

图书在版编目(CIP)数据

致密砂岩油藏 CO2 驱储层伤害机理 / 王琛著. —北京:中国石化出版社,2020.8
ISBN 978-7-5114-5927-5

Ⅰ.①致… Ⅱ.①王… Ⅲ.①致密砂岩-油藏-二氧化碳-驱油 Ⅳ.①TE357.45

中国版本图书馆 CIP 数据核字(2020)第 162850 号

未经本社书面授权,本书任何部分不得被复制、抄袭,或者以任何形式或任何方式传播。版权所有,侵权必究。

中国石化出版社出版发行
地址:北京市东城区安定门外大街 58 号
邮编:100011 电话:(010)57512500
发行部电话:(010)57512575
http://www.sinopec-press.com
E-mail:press@sinopec.com
北京柏力行彩印有限公司印刷
全国各地新华书店经销

*

710×1000 毫米 16 开本 10.75 印张 201 千字
2020 年 9 月第 1 版 2020 年 9 月第 1 次印刷
定价:66.00 元

前言

随着常规油气资源开发难度的不断增大，非常规油气已渐渐进入人们的视野，其在石油天然气产量中所占的比重也在逐年提高，并成为常规能源的重要补充。致密油是非常规油气的重要组成部分，也是当前国内油田深入勘探、大规模开发的重点资源。在鄂尔多斯盆地、准噶尔盆地、四川盆地等均发现了致密油藏，并且储量丰富，在规模性地投入开发以后，其产量可作为我国常规能源短期内的重要补充，成为油气增储上产的新主体之一。

由于受到沉积和成岩作用影响，致密砂岩储层孔隙、喉道半径较常规砂岩小，横向、纵向非均质性也较常规储层更强，并且孔喉类型、分布、连通性复杂多变，这些特点增加了开发难度。已有的开发实践表明，致密砂岩油藏自然能量不充足，靠自然能量开采，油井产量递减快，开发水平低。注水开发和注气开发是向地层补充能量驱替油气的有效手段，但注水开发中，经常会出现注水压力高、含水上升快、注水成本高、渗透率降低严重，以及产能低等一系列问题。注气开发时，相对于其他气体而言，CO_2的主要优点是可大量溶解于原油中，原油黏度在CO_2溶解后可大幅降低，表面张力也较溶解之前更小，还能使原油的体积发生膨胀。同时，高压下CO_2的密度高，有利于减缓驱替过程中的指进现象。这些特性都有利于提高驱油效率，改善开发效果。随着CO_2驱油技术不断发展成熟，以及CO_2气源的不断发现，已在国内外多个油田进行了CO_2驱室内实验和现场实践，并取得了良好效果。

然而，在CO_2驱油过程中，时常伴随沥青质沉积现象的发生。其作用机理是当CO_2溶解于原油后，会导致原油中的重质组分沥青质析出凝结，其凝结形成的固体物质在孔隙中沉积，进一步在地层流体流动作用下，将尺寸较小的沉积颗粒运移至孔喉狭窄处，并堆积堵塞，影响地层的渗流能力。另外，注入的CO_2溶于地层水后，地层水呈弱酸性，可以与部分矿物发生反应，反应产生的固体物质也会对孔喉产生堵塞效应。由此可见，CO_2与孔喉的相互作用，对致密砂岩的储层物性和驱替效果都有明显影响。

因此，本书通过对目前致密砂岩油藏CO_2驱最新研究成果的分析总结，并基于驱替过程中CO_2、原油和微米、纳米级孔喉系统的相互作用，明确了沥青质沉积效应和矿物溶蚀效应对致密砂岩储层孔喉系统的堵塞伤害程度，从本质上揭示了致密砂岩CO_2驱储层伤害机理，对CO_2驱油技术在非常规致密砂岩油藏中的高效应用具有重要意义。

本书由"西安石油大学优秀学术著作出版基金"资助出版。限于笔者水平，书中不妥之处在所难免，敬请读者批评指正。

目 录

第一章　概述 ... 1
第一节　致密砂岩孔喉系统研究方法 ... 3
第二节　CO_2驱现场应用 ... 9
第三节　CO_2驱沥青质沉积作用 ... 12
第四节　CO_2驱矿物溶蚀作用 ... 17

第二章　致密砂岩孔喉结构特征 ... 19
第一节　基础地质背景 ... 21
第二节　岩石学特征 ... 29
第三节　物性特征 ... 32
第四节　储集空间类型 ... 34
第五节　孔喉结构特征 ... 39
第六节　孔喉连通性分析 ... 43
第七节　孔喉半径转化 ... 52

第三章　沥青质沉积效应 ... 55
第一节　最小混相压力测试 ... 58
第二节　物理流动模拟实验 ... 62
第三节　孔喉堵塞程度分析 ... 67
第四节　渗透率变化规律 ... 75
第五节　采收率变化规律 ... 77

第四章 矿物溶蚀效应 …… 83
    第一节 物理流动模拟实验 …… 85
    第二节 孔喉堵塞程度分析 …… 88
    第三节 离子浓度变化规律 …… 104
    第四节 物性变化规律 …… 105

第五章 储层伤害机理 …… 107
    第一节 储层伤害控制因素 …… 109
    第二节 孔喉微观堵塞机理 …… 127

参考文献 …… 130

附录 …… 141

第一章

概述

第一章 概述

在致密砂岩 CO_2 驱过程中，沥青质沉积效应、矿物溶蚀效应发生储层伤害的机理，主要是沉淀物及矿物颗粒堵塞了储层的孔隙、喉道，导致储层渗透通道结构发生改变，渗透率降低。因此，为了研究致密砂岩 CO_2 驱储层伤害程度，首先需要对致密砂岩储层孔喉结构参数及特征进行研究，明确孔喉发育类型及分布规律，对孔喉半径等特征参数实现定量评价。

第一节 致密砂岩孔喉系统研究方法

在致密砂岩孔喉系统研究中，铸体薄片是一个重要而有效的手段，可以通过铸体薄片获取岩心孔喉的结构特征、填隙物特征、分选磨圆、孔隙类型、孔喉连通性等岩心基础信息。其主要优势就是能从感官上对岩心孔喉空间及各种矿物有一个感性的认识。这种视觉上的变化是通过将染色剂注入岩心孔隙喉道中，并压制成薄片方便镜下高倍观察，如图 1-1 所示。

M20井,2132.05m,长6

L79井,深度1662.03m,长8

图 1-1 鄂尔多斯盆地典型地层铸体薄片

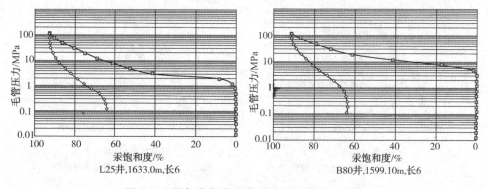

图 1-2 鄂尔多斯盆地典型地层毛管压力曲线

— 3 —

通过孔隙喉道的毛管压力曲线也可以获得大量的岩心孔喉基本信息，如中值半径、排驱压力、分选系数、歪度等。目前实验室主要采用高压压汞、恒速压汞、高速离心等方法获取岩心毛管压力曲线，如图1-2所示，进而评价岩心孔喉各项基础参数。

扫描电镜也是获取岩心孔喉信息的一个重要手段，常用的有常规扫描电镜、场发射扫描电镜等。通过扫描电镜照片可以观察到岩心内部孔喉结构，孔喉中黏土颗粒特征，可直观地认识粒间孔、粒内孔、溶蚀孔和微裂隙等各种储集空间，如图1-3所示。

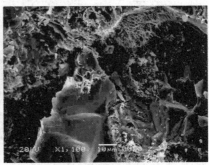

L25井,1601.20m,长6　　　　B79井,1579.20m,长6

图1-3　鄂尔多斯盆地典型地层扫描电镜照片

另外，核磁共振技术也从医学领域引用到油气田开发工程和开发地质领域，其主要是通过监测岩心孔喉流体内部 H^+ 的弛豫行为，得到核磁共振 T_2 弛豫时间对应的图谱。T_2 谱能通过孔喉中分布的流体量来进一步反映真实岩心的孔喉尺度及分布规律，同时，还能测定岩心孔喉内可动流体和不可动流体的分布特征和动用界限；另外一个重要用途是研究剩余油的分布特征，例如应用核磁共振技术可以定量评价水驱、CO_2驱等提高采收率技术应用后的储层剩余油分布规律、分布位置等特征，如图1-4所示，其测量成果为进一步提高油藏采收率有非常重要的帮助。

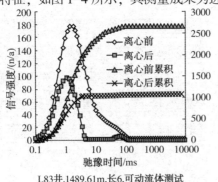
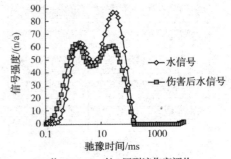

L83井,1489.61m,长6,可动流体测试　　　B80井,1522.20m,长6,压裂液伤害评价

图1-4　鄂尔多斯盆地典型地层核磁共振测试

Nano-CT 扫描则主要用于全面了解多孔介质的微观三维空间分布特征，获取纳米、微米与毫米级多尺度孔喉缝特征。该技术是目前储层微观孔喉结构测试中较为先进的技术，其分辨率可达到纳米级别，对非常规致密砂岩、页岩微观孔喉参数特征研究领域有很大的帮助，其测试结果如图1-5所示。

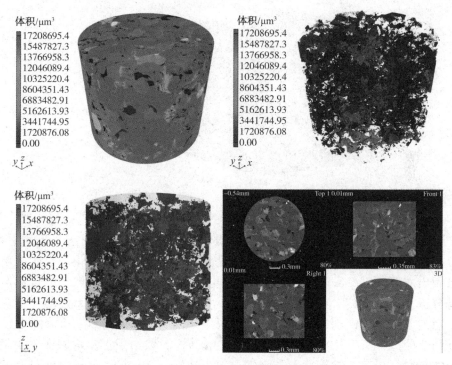

图1-5　鄂尔多斯盆地典型地层CT扫描图像三维数字岩心

前人在研究储层孔喉结构方面，将多领域、多学科的孔喉评价方法结合起来，可获得更全面、更准确的岩心信息。

刘忠群等(2001)在评价大牛地气田山西组储层特征的研究中，采用多方法结合，多理论共行的思路，运用铸体薄片、物性测试数据结合毛管压力曲线，评价了孔隙结构、物性、产能的关系。林景晔(2004)在研究古龙凹陷时，运用峰点孔喉半径的新思路结合现有研究手段，得到了储层孔喉分布及孔隙结构特征。胡勇等(2007)在分析火山岩孔喉结构特征时，结合了高压压汞、CT扫描和铸体薄片的不同分析手段，将储层进行细化分类，评价其各项孔喉指标参数。高辉等(2009)通过高压压汞、恒速压汞、扫描电镜、铸体薄片和核磁共振等技术结合，对特低渗透砂岩的储层微观孔喉结构、孔喉非均质性等进行了全面表征；同时，运用真实砂岩微观驱替模型技术，评价了特低渗透砂岩的微观水驱油特征及微观渗流特征。赵继勇等(2014)等通过铸体薄片、扫描电镜和高压压汞实验分析了姬塬油田长7致密储层的微观孔喉结构，明确了孔喉结构、连通性等与储层孔隙度、渗透率的相关性，如图1-6所示。卢双舫等（2018）利用高压压汞技术对页岩储层的孔喉特征进行分类分级别表征，并制定了储层分类划分的新方案。

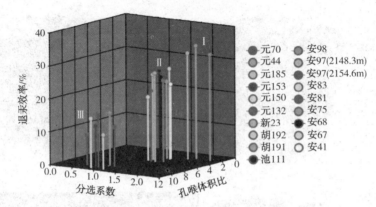

图1-6　姬塬油田安83区长7储层孔喉特征参数相关图（据赵继勇，2014）

通常，铸体薄片和扫描电镜等手段用于对孔喉进行直观观察及定性评价；随着技术的进步，不少研究人员把定性观察上升到定量评价，很多学者在该领域已做出成绩。Clelland等（1991）对扫描电镜观察到的岩心图像，进行点对点图像分析，通过该技术对扫描电镜图像中出现的矿物种类及含量进行了定量计算，迈出了从定性识别到定量评价的重要一步。Cerepi等（2002）采用电镜照片，结合图像分析方法理论，对岩心的孔喉结构参数给予了定量表征，明确了孔径的尺度，分布范围等参数。张学丰等（2009）应用Photoshop软件对图像的精细选取和像素值对比功能，对岩心铸体薄片进行了重要信息提取，定量评价了岩心的组分含量、孔喉占比等关键参数，进而对岩心的成岩作用程度和演化历史也能进行分析。

Javad等（2012）在扫描电镜和铸体薄片的基础上，通过对二者提供的照片进行图像定点分析，成功从中获取了致密砂岩储层的孔隙类型、孔隙尺度和孔喉连通性等具体定量参数。陈更新等（2016）通过先进的图像处理技术，提取了铸体薄片照片中的孔喉相关信息，进行分形理论计算，并定量建立了分形维数与岩心孔隙度的关系，结论认为，岩心孔隙度越大，其分形维数就越大。卢晨刚等（2017）通过采集铸体薄片图像信息，用编程方法将其中的面孔率数据提取出来，定量表征了致密砂岩储层的微观非均质性，评价了非均质系数U与孔渗的相关性，如图1-7所示。

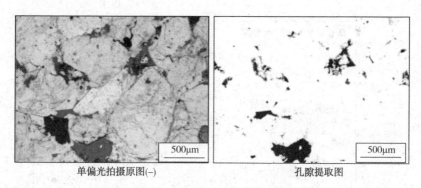

单偏光拍摄原图(-)　　　　　　　　　孔隙提取图

图1-7　岩心样品基于Matlab孔隙提取结果(据卢晨刚，2017)

分形理论是为数不多的岩心孔喉结构参数的相关理论方法，近些年取得了长足的进步。它不仅提供了研究孔隙结构的另一种思路，也将目前现有的评价方法结合起来，达到单一评价方法无法实现的一步。几个重要的研究成果分别是在李云省(2002)等根据分形理论，结合PIA技术，形成了一套研究储层微观非均质性的计算方法，这不仅是对储层非均质性研究的推进，也是对分形理论研究的进步。赵文光等(2006)通过理论计算得到了分形维数与储层孔隙度、渗透率的关系，他主要采用MIFA方法结合分形理论，对孔渗相关特征进行比对，得出相关性特征。沈金松等(2008)结合岩心铸体薄片资料和毛管压力曲线数据确定了长6储层低渗砂岩的分形特征，计算了岩心孔隙结构对应的分形维数，研究发现分形维数与多个岩性孔喉参数存在相关性，与孔喉的分选系数呈正相关型。王欣等(2015)将分形理论与高压压汞数据结合，分析评价了页岩储层的微观孔隙结构特征，发现页岩的分形维数特征规律，为今后分形理论在页岩储层中的应用提供了理论基础。吴浩等(2017)以恒速压汞测试数据为基础，结合分形理论，评价了致密储层孔喉分布特征，并揭示了储层渗流规律及孔喉特征参数与分形维数的相关性，如图1-8所示。

从医学领域引入油气田开发工程及石油地质研究的核磁共振技术，对储层孔喉特征分析有非常重要的帮助作用，解决了不少常规储层孔喉测试技术不能解决的问题。核磁共振是对储层孔喉流体氢核的弛豫行为的监测，能准确地反映储层内部的孔隙结构。刘堂宴等(2003)在岩心压汞数分析的基础上，确定了核磁共振T_2谱和P_c的转换关系，结论认为核磁共振T_2谱在饱和油条件下，研究储层相关孔隙结构方面具有更大优势。据赵杰等(2003)在通过压汞获得的孔喉半径分布的基础上，与核磁共振T_2谱建立转换关系，通过转换系数将T_2弛豫时间转换为孔径，使得可直接从核磁共振T_2谱中得到孔喉半径分布特征。谭茂金等(2006)通过核磁共振技术测得孔隙流体分布，以此来判断储层孔喉的连通性及是否为有效储层，将核磁共振应用更向前推进一步。王志战等(2010)在关于储层分选性常规

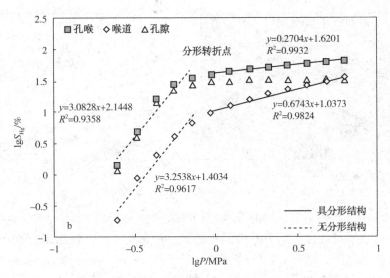

图1-8 典型岩心样品的孔喉分形特征(据吴浩,2017)

研究方法的基础上引入核磁共振技术,通过核磁共振技术测试获得的T_2谱与常规方法测试得到的分选系数建立相关性,该方法可通过单个样品评价储层砂岩的分选性。冯晓楠等(2015)通过室内物理模拟实验结合核磁共振T_2谱,实验主要通过测定压裂液注入前后的孔喉流体分布特征,对由压裂液引起的储层伤害进行了定量评价,确定了可动水相滞留和固体残渣对储层的具体伤害程度。韩文学等(2015)通过将核磁共振技术与CT技术结合,对长7致密砂岩储层的微米、纳米孔喉进行了精确的表征与评价,核磁共振技术在非常规致密储层的应用效果较好。王乾右等(2019)联合微米CT和高压压汞技术,构建包括主流孔喉半径、幂指数、孔隙连通率和多重分形维数在内的孔隙结构参数,对鄂尔多斯盆地延长组长8-长6段孔喉半径分布、孔喉网络非均质性和连通性及其差异进行定量评价,如图1-9所示。

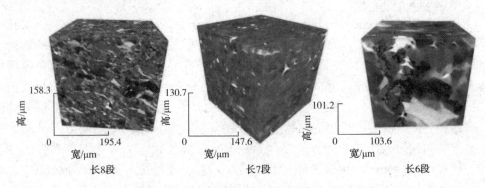

图1-9 长8-长6段致密储层样品孔喉网络模型(据王乾右,2019)

第一章　概述

第二节　CO_2 驱现场应用

目前全球工业加速发展，导致大量的温室气体排放至大气。大量的温室气体将对全球生态、气候产生非常不利的影响。在温室气体发挥破坏作用的过程中，CO_2 的作用占到49%。曾经作为废气的 CO_2 现在已经引起了世界上众多国家的广泛关注，并且已开始采取了各种政策措施来控制大气中 CO_2 浓度的增加，进一步抑制温室效应对生态环境产生的破坏。

针对大气中的 CO_2 气体，如何将其有效储存埋藏，是近些年国内外研究的热点问题。研究发现，将 CO_2 气体埋存至深部地层或者海洋中，是一种可行而有效的做法。因此，CO_2 驱油技术顺应了这一时代要求，其可将大量 CO_2 气体作为驱油剂注入地层，将已枯竭或开采到后期的残留油气驱出地层；该技术使用范围广，驱油效率高，经济效益好，已广泛应用于世界各大油田。在 CO_2 气体注入地层后，其在原油中的溶解度随着压力的增加而增加，大量 CO_2 气体溶于原油后将使地层原油体积膨胀、黏度降低，从而更容易从地层中流入井筒，其中大部分 CO_2 气体溶解于地层原油中或赋存于地层多孔介质中，有一部分气体会随原油、水和天然气带出地面，这部分 CO_2 还可以通过先进的循环注入方式再次注入油藏。因此，CO_2 驱既可以提高油气采收率，又可以埋存温室气体，不失为是一种经济实用的减排方法。

CO_2 驱油技术主要通过 CO_2 吞吐和 CO_2 驱两种方式实施，按驱油机理可进一步划分为 CO_2 混相驱和 CO_2 非混相驱。CO_2 和原油是否可以达到混相状态主要取决于 CO_2 驱替压力，当驱替压力大于最小混相压力时，CO_2 和原油可实现混相。此时，大量 CO_2 溶解于原油中，不仅可以降低原油黏度，降低表面张力，还能膨胀原油体积，增加弹性能。CO_2 驱技术可大量应用于低渗、致密油藏，具有良好的发展前景。

20世纪40年代，美国油藏工程师首次提出将 CO_2 气体注入地层开采原油。1950~1960年，通过室内实验及现场试验，CO_2 驱油技术逐步应用于部分油田，涉及项目达到百余项。1980年以后，随着天然 CO_2 气藏的勘探开发，注气气源得到了保障，CO_2 混相驱技术日渐成熟。90年代中期由相关机构数据统计显示，全球各大油田正在进行的混相气驱采油项目中，CO_2 混相驱项目的占比已接近50%，应用初期取得了很好的效果，平均提高原油采收率达到15%~25%；随后，在美国、加拿大、特立尼达、土耳其等国家相继开展了 CO_2 驱提高采收率项目，如图1-10、图1-11所示。

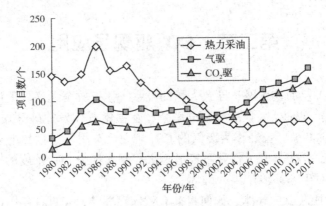

图 1-10　美国热力采油、气驱、CO_2 驱项目数量（据秦积舜，2015）

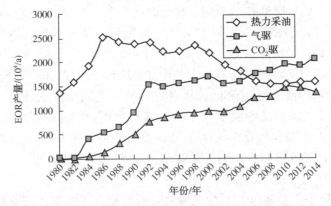

图 1-11　美国热力采油、气驱、CO_2 驱 EOR 产量（据秦积舜，2015）

我国也在大庆等几个大油田先后开展了 CO_2 驱项目。但是，由于 CO_2 气源缺乏的问题，使得我国在 CO_2 驱方面发展受到严重限制，直到后期发现了一些规模较小的 CO_2 气田，才使得该项技术得到发展，CO_2 气驱项目在国内各大油田逐步开展，理论研究上也有了突破。室内实验及现场试验表明，和水驱相比，CO_2 驱可以显著提高低渗油藏和小断块油藏的开发效果。由于前期发展受限，我国 CO_2 驱相关技术与国外发达国家相比差距较大。直到 1988 年，在大庆油田实施了首个大型 CO_2 气水交替驱项目，最终采收率提高了 6%；伴随着 CO_2 驱技术的逐步实施应用，在新疆吐哈油田，长庆油田，江汉油田等陆续开展 CO_2 驱项目。

20 世纪 90 年代开始，我国科研工作者针对 CO_2 驱技术进行了大量的室内实验研究，取得了一系列丰硕的成果。朱志宏等（1996）开展 CO_2 驱替室内物理模拟实验，岩心及原油样品均取自吉林新立油田。实验主要为 CO_2 非混相驱，评价了CO_2各项实验条件、参数对驱油效果及采收率的影响。结论认为，在气水交替驱过程中，注气段塞大小对非混相驱的原油采收率有重要影响；另外一个主要影响因素是注入压力，其主要受限于地层压力。然而，在这两个实验条件的限制下，CO_2室内物理模拟驱替实验仍然可以提高采收率。杨胜来等(2001)开展CO_2驱替稠油模拟实验，通过模拟不同的CO_2注入方式，如CO_2吞吐、CO_2驱、气水交替驱等，评价不同驱替方式对CO_2驱油效果的影响，最终发现气水交替驱和CO_2吞吐转水驱的采收率最高，驱替效果最好。程杰成等(2008)通过室内实验评价了CO_2驱在特低渗储层中的相关参数，通过对比各项驱替方案，筛选了适合大庆扶余特低渗储层的CO_2驱替方案，并利用数值模拟技术进行方案优化，参数优选。结论认为扶余油田适合进行CO_2非混相驱替，但是由于储层非均质性严重，防止气窜和提高波及效率是扶余油田CO_2驱亟待解决的问题。

刘淑霞等(2011)针对渗透率在$0.5×10^{-3}\mu m^2$的特低渗透油藏，通过细管实验测定了原油与CO_2的最小混相压力；通过物理模拟驱替实验，进一步评价了CO_2驱在高台子油田应用的可行性。实验结果显示，CO_2驱在该油田可取得较好的开发效果，在水驱基础上进行CO_2混相驱，可提高原油采收率8%左右。高云丛等(2014)基于吉林腰英台油田CO_2非混相驱先导试验区生产动态数据、吸水(气)剖面监测、示踪剂监测、原油和地层水组成分析，研究CO_2非混相驱油井生产特征和气窜规律，如图1-12所示。

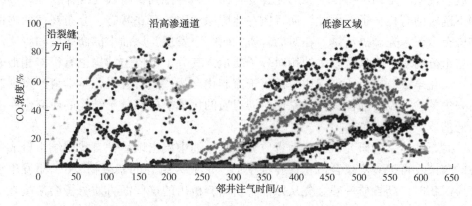

图1-12 油井井口CO_2浓度随邻井注气时间的变化(据高云丛，2014)

国殿斌等(2014)通过细管实验和长岩心驱替实验，对深层高压低渗油藏进行了CO_2混相驱渗流特征研究。在油藏自然能量衰竭开采之后，地层流体出现双相流，该现象对CO_2与原油的最小混相压力有较大的影响，进而降低CO_2驱替效果。只有增加CO_2的注入压力，才能保证CO_2驱的开发效果，此研究成果对深层高压低渗油藏CO_2驱提供了理论支撑。史云清等(2017)通过实验与数值模拟相结合的方法评价了CO_2驱替天然气的驱替机理。在研究CO_2与天然气的混合规律中,发现超临界CO_2与天然气可在驱替前缘形成较窄的混相带,可实现CO_2对天然气的有效驱替,实验结果显示天然气的采收率提高了12%。

第三节 CO_2驱沥青质沉积作用

沥青质是一种由多种复杂高分子碳氢化合物及其非金属衍生物组成的复杂混合物;其相对分子质量很大,在原油中含量丰富。前期认为沥青质是石油中不溶于($C_5 \sim C_7$)正构烷烃而溶于苯的物质;通过进一步研究完善,认为沥青质定义应该为石油中不溶于一切正构烷烃而溶于苯的组分。石油组分分析研究中常见的是正戊烷沥青质和正庚烷沥青质。

从外观上观察发现沥青质为固体,黑色,密度大于$1g/cm^3$,加热时不熔化。石油沥青质中的杂原子含量差异较大,但C、H元素含量相对稳定。沥青质中的杂原子含量虽然不高,但对石油、煤及其组分的性质却有很大影响。一般来说,沥青质可细分为戊烷沥青质、庚烷沥青质、煤沥青质和页岩沥青质等类型,根据产地和储集环境的不同,成分差异较大。

对于沥青质的表述,其归根结底是一个非常笼统的概念,并不是化学上按照组成、性质、结构等特征定义的化合物,而是一种排列及组成无规律、性质和结构不确定的有机分子。因此,沥青质在地层原油中的存在状态、分布规律及内部结构至今还未完全搞清楚。在对沥青质的研究中发现,原油中的沥青质和胶质同为重组分物质,都具有较大的相对分子质量,其分子组成与结构也有很多相似之处;从化学成分来看,沥青质应该属于芳族化合物。随着有机化学学科的发展及更先进的检测设备问世,科学家们对沥青质的化学组成及分子结构的研究也在不断向前。

对石油体系的研究认为,沥青质分子从原油中析出以后,自我凝结组合成更大的胶束,再进一步聚合沉积在孔喉壁面,形成大组分的絮凝物。CO_2驱发生沥青质沉积时,沥青质一般会先从原油中析出,析出的这些沥青质分子会絮凝在一起,进一步沉淀在孔喉壁面,最终凝固于孔隙喉道中。研究人员从原油中分离出沥青质与正庚烷和甲苯配制成沥青质模拟液,并用模拟液与CO_2组成不同摩尔分数的二元体系,通过高压显微固相沉淀实验,观察体系中固相颗粒的变化规律,探究CO_2对沥青质的作用机理。

但是,在CO_2驱过程中,极易产生沥青质沉积,低渗储层由于孔喉半径较小,沉积的沥青质颗粒在运移过程中容易堵塞细小孔喉,降低储层有效渗透率,对低渗储层产生不可逆转的伤害作用。

刘晓蕾等为明确 CO_2 驱油过程中胶质沥青质沉淀原因，从原油中分离出胶质和沥青质分别与正庚烷和甲苯配制成胶质模拟液和沥青质模拟液，并用两种模拟液分别与 CO_2 组成不同摩尔分数的二元体系，通过高压显微固相沉淀实验观察两个体系中固相颗粒的变化规律，如图 1-13、图 1-14 所示，探究 CO_2 对胶质沥青质的作用机理。

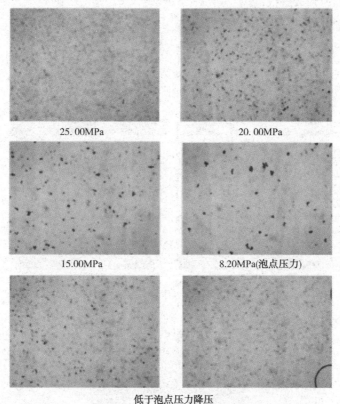

图 1-13　压力对沥青质颗粒变化的影响（据刘晓蕾，2017）

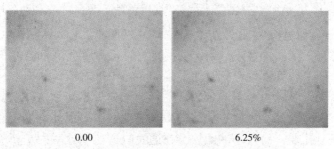

图 1-14　CO_2 浓度对沥青质颗粒变化的影响（据刘晓蕾，2017）

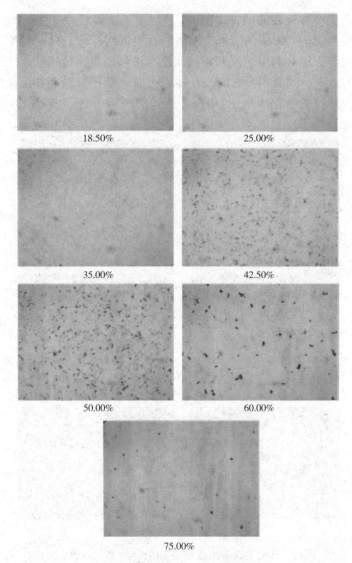

图 1-14 CO_2 浓度对沥青质颗粒变化的影响(据刘晓蕾,2017)(续)

Behbahani 等通过实验证明,在 CO_2 驱油过程中,CO_2 注入速度对沥青质沉淀量有显著影响,如图 1-15 所示。这种沉积的沥青质会降低岩心的渗透率及孔隙度,进而降低 CO_2 驱替效率及原油采收率。

为了揭示沥青质沉积对石油采收率的影响,前人已经完成了大量 CO_2 驱沥青质沉积实验,研究发现,当砂岩储层的微米级孔喉中出现沥青质沉积时,较大的团块将直接阻塞孔喉,而较小的团块会在通过喉道狭窄处时由于桥塞效应而堵塞孔喉。这两种效应都会导致渗透率下降,从而降低 CO_2 驱总采收率。

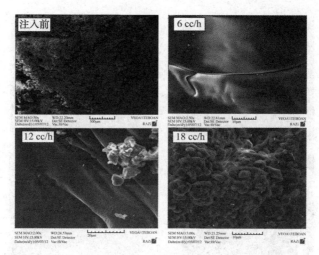

图 1-15　CO_2驱不同注入速度下的矿物表面扫描电镜图像（据 Behbahani，2014）

Papadimitriou 等（2007）研究发现，沥青质沉积对较大孔喉（孔径大于 $8\mu m$）的影响要小于较小孔喉（孔径小于 $8\mu m$），较小孔喉被堵塞的空间会使岩心的渗透率降低 40%~90%。CO_2驱沥青质对高渗砂岩储层影响的相关研究较多，而针对低渗储层的沥青质堵塞机理的相关研究有限。

Wang 等（2011）通过实验证明，在 CO_2 非混相驱中，增加注入压力会提高原油采收率，但由于沥青质沉积量随着压力的升高增加明显，因此高压 CO_2 驱会导致储层渗透率的降低；同时，实验数据显示，即使注入压力已经高于 MMP，随着压力继续增加，其沥青质沉积量依旧随着压力的增加继续保持增加态势，但是其增加速度较 MMP 之前有所降低，如图 1-16 所示。

Cao 等（2013）在室内实验结果中发现，在非混相驱阶段，随着注入压力的增加，原油中 CO_2 的溶解量增加，进而促进原油采收率的增加。当注入压力大于 MMP 时，采收率增加速度降低，缓慢平稳达到最大值。另外，在非混相驱和混相

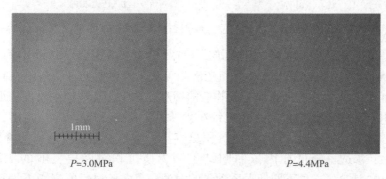

图 1-16　不同压力下观察到的沥青质沉积物图像（40 倍，27℃）（据 Wang 等，2011）

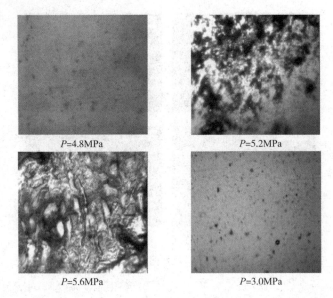

图 1-16 不同压力下观察到的沥青质沉积物图像（40 倍，27℃）（据 Wang 等，2011）（续）

驱的阶段，沥青质沉积量随着注入压力的增加而稳定上升，而岩心渗透率则持续下降，如图 1-17 所示。

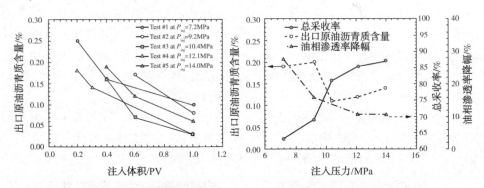

图 1-17 CO_2 驱后油样的沥青质含量与注入体积和注入压力的关系曲线（据 Cao 等，2013）

另外，诸多前人在实验研究中已确定 CO_2 驱沥青质沉积会导致储层渗透率的降低。Leontaritis 等（1994）使用显微镜和光谱测定法，观察到沥青质絮凝在孔隙中的分布。他们认为大尺寸的沥青质絮凝物会滞留在孔隙中，其他较小尺度的沥青质沉积可能会由流动的流体携带到达孔喉细小处桥塞。Kamath 等（1993）指出，相比常规储层的孔喉，CO_2 驱产生的沥青质沉积更容易引起致密储层渗透率的降低（减少超过 50%）；渗透率降低原因依旧归结于沥青质沉积对储层孔喉的堵塞效应。Shedid（2001）计算了三种不同沥青质含量的原油样品实验过后的岩心平均孔喉面积分布。他们认为由于高沥青质含量的油样产生的大量沥青质沉积量会使尺度在

2.0μm 的孔隙含量降低 63%。此外，他还观察到小孔（半径小于 9.0μm）对沥青质沉积量的敏感性较高，这表明渗透率降低主要是由较小孔喉的堵塞造成的。

第四节　CO_2 驱矿物溶蚀作用

前人对 CO_2-孔喉相互作用的相关研究较多，大量研究成果认为 CO_2 驱产生的弱酸性流体会和储层岩石发生溶蚀反应，其中岩石基质中会发生溶蚀反应的主要为碳酸盐矿物和硅酸盐矿物。

于志超等（2012）利用室内岩心驱替装置，模拟了地层条件下饱和 CO_2 水驱过程中的水-岩相互作用，并对 CO_2 注入后，组成储层岩石的矿物溶蚀、溶解和沉淀情况以及渗透率变化的原因进行了研究。实验后有少量的高岭石和中间产物生成，其中间产物的成分主要为 C、O、Na、Cl、Al 和 Si，并有向碳酸盐矿物转变的趋势；新生成的高岭石、中间产物和由碳酸盐胶结物溶解释放出的黏土颗粒一起运移至孔喉，从而堵塞孔隙，降低了岩心渗透率，如图 1-18 所示。

对于 CO_2-孔喉相互作用是否会对储层孔隙度、渗透率产生影响，相关研究存在不同的结论。Ross 等（1982）在不同温度条件下，进行 CO_2 驱替实验，实验结束后发现岩心的渗透率上升。结论认为在 CO_2 驱 CO_2-孔喉相互作用过程中，岩心中的方解石和白云石被 CO_2 溶解的弱酸性流体溶蚀，增加了孔隙空间进而增大了储层的渗透率，其中含有鲕粒灰岩的岩心其渗透率增加幅度更大。但是，Ryoji 等（2000）在模拟 CO_2 驱室内实验中，将含 CO_2 弱酸性地层水注入岩心，实验结束后，岩心的渗透率没有出现增加，反而出现下降趋势，结论认为 CO_2-孔喉相互作用会对岩心造成一定程度的堵塞作用。同时，Baker 等（1991）将弱酸性溶液注入岩心中进行实验发现，多组实验的岩心渗透率未出现变化，弱酸性流体对岩心的渗流能力没有发生明显的影响。Liu 等（2003）在高压反应釜中将弱酸性溶液与岩心进行反应，实验在 100~300℃ 条件下进行 7 天。实验结束后测试岩心组分时发现有新矿物出现，主要是铝硅酸盐矿物。Luquot 等（2012）将饱和 CO_2 的酸性流体与岩石进行反应，结果出现尺度在 200nm 左右的高岭石晶体生成，高岭石属于常见铝硅酸盐矿物，该结论再一次验证了 CO_2-孔喉相互作用会生成新的矿物。

于志超（2013）通过室内 CO_2 驱替实验，进行了 CO_2-孔喉相互作用研究，实验结束后，测得岩心的渗透率较初始值下降 45% 左右。在对岩心矿物进行组分测定及产出液化验分析后发现，方解石等碳酸盐矿物出现溶解现象，有高岭石等中间矿物生成，并认为，新生成的矿物在随孔隙流体运移的过程中会堵塞在孔喉的狭窄位置，最终造成岩心渗透率的降低，如图 1-19 所示。

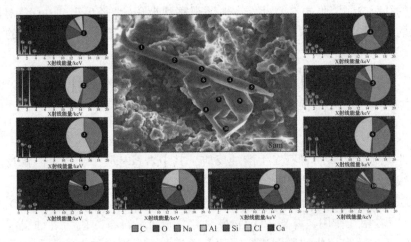

图1-18 中间产物扫描电镜照片及能谱分析(据于志超,2012)

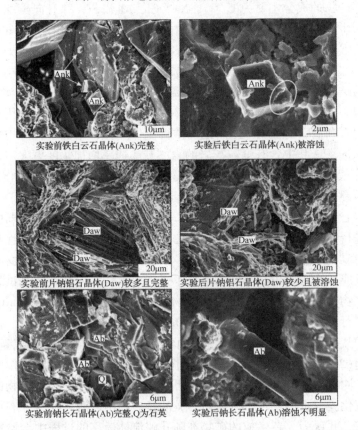

图1-19 饱和CO_2水驱实验前后的岩心扫描电镜照片(据于志超,2012)

第二章

致密砂岩孔喉结构特征

第二章　致密砂岩孔喉结构特征

鄂尔多斯盆地总面积为 $37×10^4 km^2$，致密油气资源分布广泛，储量丰富。本书涉及的致密砂岩岩心样品取自鄂尔多斯盆地西部的姬塬油田，研究的层位是姬塬油田长8储层。掌握长8致密砂岩储层的储层特征及孔喉结构，可为揭示致密砂岩 CO_2 驱储层伤害机理提供理论支撑。

第一节　基础地质背景

姬塬油田位于盆地西部，行政区域位于陕西定边和宁夏盐池境内，位置如图2-1所示，勘探面积 $1802.1 km^2$，开发层系较多，本次研究的层位是姬塬油田长8致密砂岩储层，小幅度鼻状隆起在姬塬地区比较发育，其起伏较小，属于有利的油气聚集区域。

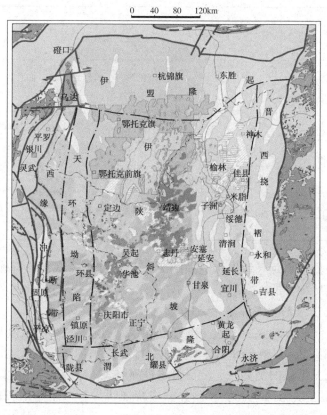

图 2-1　鄂尔多斯盆地区域位置图

一、地层特征

地层划分是开发地质研究的基础工作，在开展构造特征研究、沉积特征、砂体展布规律等基础地质研究中，都要以地层划分的结果为依据。因此，明确地层划分的思路，掌握地层划分的方法，合理利用测井曲线和岩心，都是正确划分地层的前提条件。

常用的地层划分思路是通过标志层识别层与层之间的界面，再通过等厚度对比等方法确定地层的划分位置。本文划分地层主要采用岩石地层学方法、层序地层学方法。

姬塬长8储层的沉积特征明显，通过测井曲线识别沉积旋回以明确地层间的界面，通常将长8层段划分为两个小层，分别是长8_1和长8_2，岩性以灰色砂岩和黑色泥质粉砂岩互层为主，见表2-1。

表2-1　鄂尔多斯盆地姬塬油田延长组地层划分表

地层年代			油层组	厚度/m	岩性特征	标志层
系	组	段				
三叠系	延长组	第二段 (T_3y_2)	长7	80~100	暗色泥岩、粉砂质泥岩、油页岩夹薄层粉细砂岩	K_1
			长8	68~87	暗色泥岩、砂质泥岩夹灰色粉细砂岩	
		第一段 (T_3y_1)	长9	90~120	暗色泥岩、页岩夹灰色粉细砂岩	K_0
			长10	280	暗色厚层块状中-细砂岩	
	纸坊组				灰紫色泥岩、砂质泥岩与紫色中细砂岩互层	

通过对姬塬油田延长组地层测井响应特征、岩性等综合分析确定长7、长9地层划分标志层如下所示：

1. 长7与长8的地层界限

划分长7和长8地层的重要参照为张家滩页岩，该标志层刚好位于长7与长8的地层界限处，在整个鄂尔多斯盆地都容易识别，是一套发育完整的湖相油页岩，常用划分地层的测井响应特征值均较高（RT、AC、SP、GR）。

K_1标志层主要为深色泥岩，测井响应特征明显，电阻率值较低，其他曲线值较高。

在姬塬延长组地层划分的过程中，均可以明显的观察到以上两个标志层，通过典型特征识别出该标志层是正确划分长7底部和长8顶部的重要依据。本次地层划分对比过程中,观察到的测井曲线特征较为明确,结合厚度,可以准确确定长7和长8的界面,如图2-2所示。

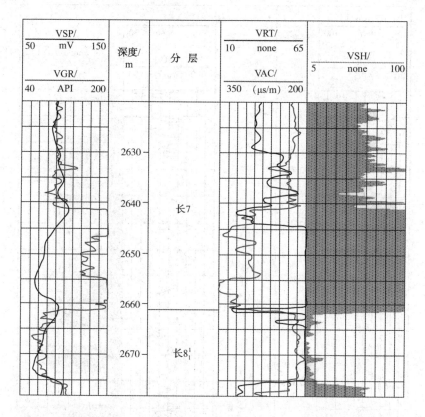

图2-2 长7、长8油层组分层界限电性特征(塬26-104井)

2. 长8与长9的地层界限

长8和长9两个层段的划分主要考虑长9后期的河道砂沉积体,其测井曲线特征明显,浅色细砂岩也是划分长9的重要参考,这两个特征对确定划分长9的界面有非常重要的指导作用。另外,长9顶部的深灰色泥岩也是划分长8和长9地层的主要参考标志,如图2-3所示。

在长7、长8和长9地层划分的基础上,对长8的内部也进行了小层对比划分。划分过程中考虑了地层沉积旋回、厚度和岩心。长8_1和长8_2的划分标志为长8底部发育的薄层泥岩,该层薄泥岩在整个油田发育良好,可作为划分该区域延长组地层的辅助标志层。通过测井曲线可知,长8_1的砂体发育程度好于长8_2,可作为长8层段的主力油层。长8_1为两段不连续的砂体组成,如果要进一步划分,可将长 8_1 划分为两个油层组,即长 8_1^1 和长 8_1^2。整个长 8 油层的砂体测井曲线特征为钟型和箱型,声波时差和自然伽马值均较高,如图 2-4 所示。

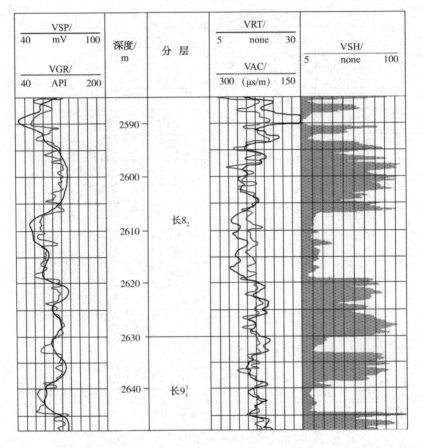

图 2-3 长 8、长 9 油层组分层界限电性特征(塬 42-82 井)

二、构造特征

构造特征是重要的基础地质资料,可有效地指导后期的油气田开发。在地层划分方案确定的基础上,可通过绘制构造特征图,明确姬塬长 8 致密砂岩储层的构造概况。地势整体呈现东高西低的特征,与盆地整体地层起伏特征一致,起伏幅度在 15m 左右的小型鼻状隆起构造较为发育,鼻状隆起形成的小型圈闭是优良的油气聚集区域,是赋存油气的有利构造类型。图 2-5 是长 8_1 小层和长 8_2 小层的顶面构造图,从图中可以清楚地看到鼻状隆起的存在,且发育数量较少,两个小层的构造继承性良好。

第二章　致密砂岩孔喉结构特征

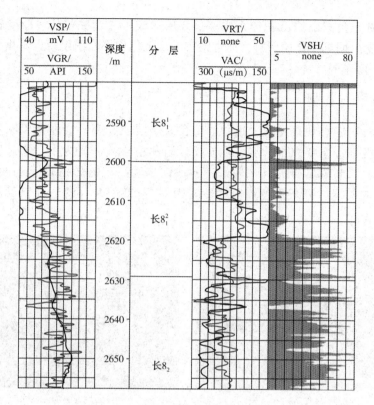

图 2-4　长 8 内部油层组分层界限电性特征(塬 42-91 井)

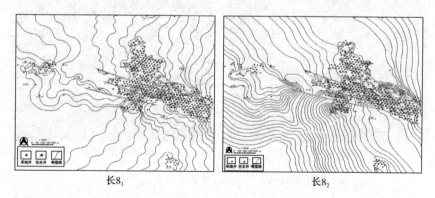

图 2-5　长 8_1 和长 8_2 顶面构造图(据黄兴, 2019)

三、沉积特征

姬塬地区长 8 油藏主要发育三角洲湖泊沉积体, 随着地层沉积作用的进行, 充足的物源使河流不断地将物质搬运向浅水区, 在长 8 储层形成了三角洲前缘沉积亚相。在三角洲前缘沉积体系中，长8层形成了一套完整的、厚度较厚的砂体，砂体受后期沉积作用影响，非常致密。从沉积相平面图中可以看出，物源方向为北西-南东向。

（一）岩石类型

通过真实岩心观察发现，姬塬油田长8储层的致密砂岩颜色以深灰、褐色为主，粒度细，主要以细砂岩、泥质粉砂岩和粉砂质泥岩为主。通过岩心颜色可以发现，长8砂岩含油气性较好，含油饱和度高。图2-6所示的两块岩心，Y29-100井的岩性以灰褐色油斑细砂岩为主，Y28-99井的岩性以灰色泥质粉砂岩为主。

图2-6 姬塬油田长8油层组岩心照片

（二）沉积相划分

通过区域大的沉积背景结合岩心测井资料，分析得出姬塬长8的三角洲前缘亚相沉积主要发育水下分流河道、水下天然堤和分流间湾三种沉积微相。如图2-7~图2-9所示。

1. 水下分流河道微相

水下分流河道沉积砂体发育较好,岩性一般以中细-粉砂岩为主。常见发育冲刷面、平行层理、斜层理。水下分流河道水动力较强,砂粒在沉积过程中分选好,分布均匀。测井曲线特征为 SP 和 GR 均呈现低值,整体为箱型或钟型,如图 2-7 所示。

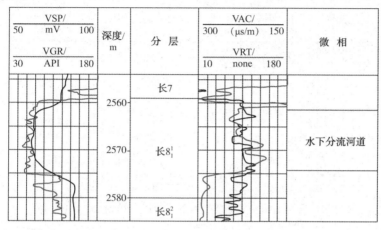

图 2-7 姬塬油田长 8 油层组水下分流河道微相图(Y46-80 井)

2. 分流间湾微相

在分流间湾微相沉积的过程中,水动力环境较弱,因此常见发育泥岩和粉砂质泥岩。通过岩心观察发现,间湾微相通常发育大量块状层理、水平层理,常见泥岩中夹杂植物茎叶化石,主要测井曲线特征为自然伽马的低值,如图 2-8 所示。

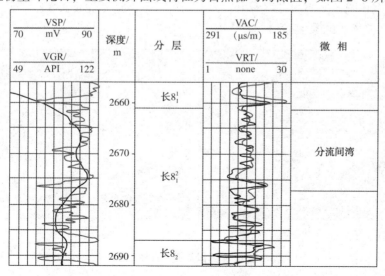

图 2-8 姬塬油田长 8 油层组分流间湾微相图(Y22-113 井)

3. 水下天然堤微相

岩性主要为粉砂岩或粉砂质泥岩，主要发育正韵律，常见水平层理发育。从测井曲线上来看，多为锯齿状，易识别，如图2-9所示。

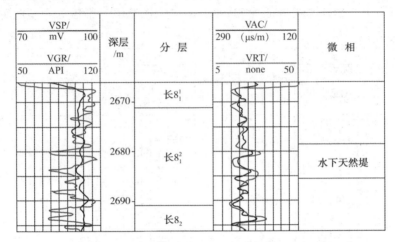

图2-9　姬塬油田长8油层组水下天然堤微相图（Y22-109井）

（三）沉积相平面特征

从沉积相平面图可以看出，长8_1和长8_2小层在沉积期河道发育宽度不一，在长8_1时期河道宽度较大，整体呈现北西-南东走向，主要发育三条主体河道，如图2-10所示。长8_2的河道则明显变窄，方向依然与长8_1相同，整体呈现北西-南东走向。对比沉积微相平面图可以看出，长8_1期沉积条件整体优于长8_2。因此，在本次CO_2驱替实验所用的真实砂岩岩心均取值长8_1储层，已保证岩心具有代表性。

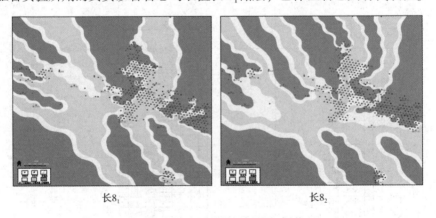

长8_1　　　　　　　　　　　　长8_2

图2-10　长8_1和长8_2沉积微相平面图（据黄兴，2019）

第二节 岩石学特征

岩石学特征是分析岩心各项特征参数的基础,在进行孔喉分类、孔喉结构特征研究之前,需要明确岩心的岩石学特征组成。其是岩心孔喉类型、孔喉结构、渗透率、孔隙度等特征参数的主要决定因素。针对姬塬油田长8储层致密砂岩岩心,分别进行了全岩X衍射特征分析、砂岩结构分类等前期工作,在此基础上对岩心进行孔喉特征研究。

一、全岩X衍射特征分析

通过前人对鄂尔多斯盆地延长组的砂岩统计分析后,认为在该地区主要存在四类砂岩,分别是长石砂岩、岩屑长石砂岩、长石岩屑砂岩、岩屑砂岩。长8砂岩主要为细-中粒岩屑质长石砂岩、长石砂岩,其次为长石质岩屑砂岩和岩屑砂岩(表2-2)。

表2-2 岩心X衍射全岩分析统计

岩心编号	$W_{石英}/\%$	$W_{斜长石}/\%$	$W_{正长石}/\%$	$W_{微斜长石}/\%$	$W_{泥质}/\%$	$W_{碳酸盐}/\%$	$W_{黄铁矿}/\%$
N1	42.18	25.12	9.15	3.15	14.32	5.45	0.63
N2	39.98	25.78	8.88	5.01	12.04	7.55	0.76
N3	44.21	28.14	7.82	3.47	11.58	4.28	0.50
N4	45.32	22.56	6.14	4.45	13.69	7.13	0.71
N5	38.99	25.36	9.22	4.89	13.10	7.95	0.49
N6	47.72	22.99	8.01	4.09	10.87	6.18	0.14
N7	45.25	24.52	6.98	4.13	10.04	9.01	0.07
N8	41.02	25.63	7.59	3.58	15.10	6.92	0.16
N9	44.21	24.36	8.02	4.22	10.25	8.18	0.76
N10	39.11	22.34	10.01	5.75	13.12	9.56	0.11
平均值	42.79	24.68	8.18	4.27	12.41	7.22	0.43

在CO_2-孔喉的相互作用实验中,另外选取10块天然岩心完成驱替实验,实验前对样品X衍射全岩分析,结果如表2-2所示。全岩分析测试了岩心的石英、斜长石、正长石、微斜长石、泥质、碳酸盐和黄铁矿的含量,其中石英含量整体分布在38.99%~47.72%,平均42.79%;斜长石含量主要在22.34%~28.14%,

平均 24.68%；正长石含量在 6.14%~10.01%，平均 8.18%；微斜长石含量在 3.15%~5.57%，平均 4.27%；泥质含量在 10.04%~15.10%，平均 12.41%；碳酸盐矿物含量在 4.28%~9.56%，平均 7.22%。

据于志超等（2013）对 CO_2 驱 CO_2-孔喉相互作用的相关研究成果发现，通常有两类矿物容易与溶解有 CO_2 的弱酸性流体发生 CO_2-孔喉相互作用，一类是长石类矿物，如正长石、斜长石等；另外一类是碳酸盐矿物，如方解石、片钠铝石等。如图 2-11 所示，虚线框中的斜长石、正长石、微斜长石和碳酸盐矿物均为对 CO_2 弱酸性流体敏感的矿物，在长 8 致密砂岩储层中，斜长石的含量最高，平均可达到 24.68%，正长石和碳酸盐的含量接近，为 8% 左右，四种 CO_2-孔喉相互作用敏感矿物约占到所有矿物含量的一半。因此，在 CO_2-孔喉的相互作用实验中，以上四种矿物的溶解、溶蚀将对致密砂岩微米、纳米孔喉结构产生重要影响。

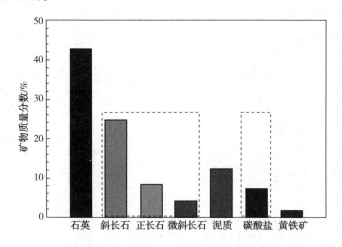

图 2-11　岩心样品矿物含量分布图

二、砂岩结构类型

对岩心样品的磨圆度进行统计分析，结果显示，长 8 致密砂岩的碎屑颗粒圆度以次棱—次圆状为主，含量占 80% 左右，其次为次棱角状，占样品的 9.62%（表 2-3）。

表 2-3　岩心样品结构特征参数表

样品数量	层 位	分选性	磨圆度	偏度
60	长 8	中—好	次棱—次圆	正偏、极正偏

第二章 致密砂岩孔喉结构特征

在姬塬长 8 致密砂岩结构分析中，分别统计了砂岩的分选级别和偏度级别。砂岩的粒径主要在 0.1~0.6mm，为细砂岩，如图 2-12 所示，表明该区分选以较好为主，其次为分选好和分选中等；如图 2-13 所示，姬塬长 8 储层砂岩偏度分布在 0.15~0.44，主要为正偏和极正偏，砂岩的正偏度占到了 24.05%，极正偏度为 75.95%。

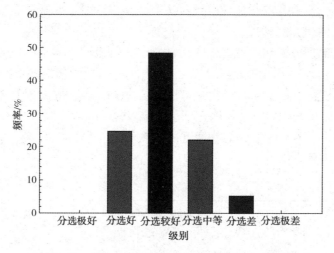

图 2-12 岩心样品分选统计

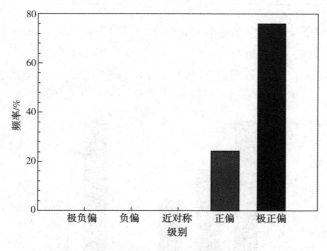

图 2-13 岩心样品偏度统计

第三节 物性特征

岩心物性特征是微观孔隙结构特征的宏观反映,通过对长8储层孔隙度渗透率的统计分析,及对孔渗相关性的评价研究,是揭示储层的微观孔喉分布规律及孔隙结构特征的研究的基础。

孔隙度是储层砂岩储集性能的集中体现,是判定储层质量的重要标准。通过岩心样品测试发现,其孔隙度在1.21%~11.54%,平均值为7.22%,低于鄂尔多斯盆地延长组的平均值(11.66%)。渗透率数据显示最大值仅有0.93×10^{-3} μm^2,平均值为0.11×10^{-3} μm^2,明显低于鄂尔多斯盆地延长组的平均值(3.00×10^{-3} μm^2),见表2-4。根据岩心样品物性测试结果来看,孔隙度小,渗透率低,属于典型的非常规致密砂岩储层。

表2-4 实验岩心物性参数

地区	层位	样品数/块	孔隙度/%			渗透率/10^{-3} μm^2		
			最大值	最小值	平均值	最大值	最小值	平均值
姬塬	长8	40	11.54	1.21	7.22	0.93	0.01	0.11

从岩心孔隙度分布频率图来看(图2-14),分布频率小于6%和9%~10%的孔隙度值频率最高,其次是6%~7%,8%~9%孔隙度值分布最少,大于10%的样品占到13%左右。而渗透率分布频率图显示(图2-15),致密砂岩的渗透率分

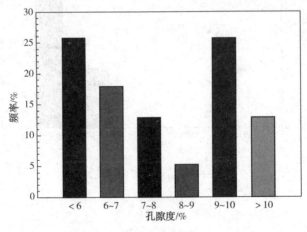

图2-14 岩心孔隙度分布图

布区间主要在$(0\sim0.1)\times10^{-3}\mu m^2$，其含量占到总体分布的近 70%，剩下的大于$(0.1\sim0.3)\times10^{-3}\mu m^2$的分布区间，仅占到 25%左右。图 2-16 是岩心样品渗透率与孔隙度的相关性分析图，相关系数 0.2991。

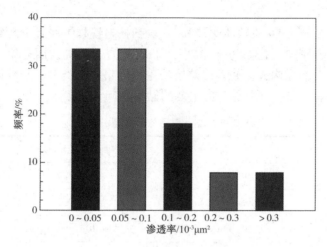

图 2-15　岩心渗透率分布图

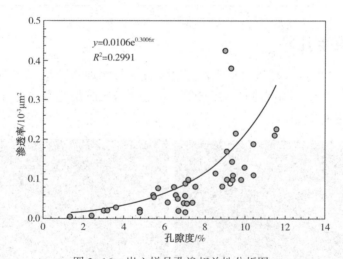

图 2-16　岩心样品孔渗相关性分析图

通过该频率分布统计，同时考虑到实验的可行性，我们在沥青质沉积实验中选择渗透率为$0.22\times10^{-3}\mu m^2$，孔隙度为 4%左右的人造岩心进行实验，以最大程度地接近姬塬油田长 8 致密砂岩的物性特征。

第四节 储集空间类型

通过对长8储层80块铸体薄片和30块扫描电镜样本统计分析得出,姬塬油田长8致密砂岩储层面孔率为0~17%,平均值为3.40%,面孔率相对较低。残余粒间孔、长石溶孔构成长8砂岩储层的主要储集空间类型,与此同时发育少量的微裂隙,见表2-5。以下是三类主要的储集空间。

表2-5 岩心样品孔隙类型统计表

孔隙类型	孔径分布	面孔率范围/%	比重/%
残余粒间孔	10~100μm(微米级)	0.2~8.2	52.25
溶蚀粒间孔	100nm~50μm(纳米级)	0.5~3.1	24.28
溶蚀粒内孔	50~40μm(纳米级)	0.4~2.8	22.01
微裂隙	200nm~40μm(纳米级)	0.01~0.2	1.46

一、原生孔隙

如图2-17所示,姬塬长8砂岩储层发育大量的原生孔隙,其中残余粒间孔的占比最大,占到总面孔率的52.25%。其主要是被胶结物等填充而成,是储层的主要储集空间类型。

粒间孔及绿泥石膜,Y88-42井,2956.79m,长8₁　　粒间孔,Y53-89井,576.57m,长8₁

图2-17 岩心样品原生孔隙铸体薄片照片

第二章 致密砂岩孔喉结构特征

粒间孔及自生硅质,Y88-21井,　　硅质加大镶嵌及粒间孔,Y53-89井,
2794.18m,长8_1　　　　　　　　2591.17m,长8_2

图 2-17　岩心样品原生孔隙铸体薄片照片(续)

如图 2-18 所示,通过扫描电镜观察发现,原生粒间孔的孔径一般分布在 10~100μm 之间,孔隙半径较大,少见纳米级粒间孔。原生孔隙组成形态多种多样,主要为多边形,其次为三角形粒间孔。岩心样品的大部分残余粒间孔被绿泥石膜包裹,相互之间连通性差,非均质性较强。同时,在铸体薄片和扫描电镜中还能观察到为数不多的晶间微孔,复杂的成岩作用对该类孔隙具有较强的破坏效应,因此其分布数量稀少,个体之间连通性很差,对油藏来说无储集意义。

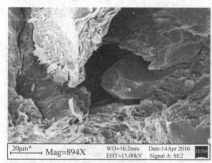 

自生石英与粒间孔　　　　　　粒间孔与孔中的高岭石、叶片状绿泥石
Y29-100井,2605.6m,长8_2　　　　Y29-100井,2606.7m,长8_2

图 2-18　岩心样品原生孔隙扫描电镜照片

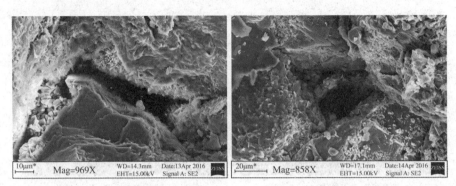

粒间孔与高岭石、孔壁上的叶片状绿泥石
Y28-99井,2628.6m,长8_1

粒间孔
Y88-42井,2979.62m,长8_1

图 2-18　岩心样品原生孔隙扫描电镜照片(续)

二、次生孔隙

次生孔隙是长 8 致密砂岩储层的另外一类重要储集空间,溶蚀粒间孔及粒内孔的面孔率占比可达 44.38%,以长石溶孔为主,发育少量溶蚀微孔等,如图 2-19 所示。该类孔隙主要是由于岩屑颗粒在复杂的成岩作用下被溶蚀溶解从而形成储集空间,在姬塬地区长 8 致密砂岩储层中,主要是长石、云母类矿物发生溶解作用,产生长石溶蚀粒内孔,该类孔隙与溶蚀粒间孔可连通。溶蚀类孔隙的形态多样,孔喉壁面呈不规则状,孔隙间的连通程度较高,具有重要的储集意义。

长石溶孔及充填孔隙的高岭石
Y91-17井,2699.6m,长8_1

溶孔、钙质及硅质加大
Y28-99井,2628.9m,长8_1

图 2-19　岩心样品次生孔隙铸体薄片照片

第二章 致密砂岩孔喉结构特征

长石溶孔及充填孔隙的钙质
Y91-17井,2698.6m,长8_1

粒间孔及长石溶孔
Y91-17井,2699.4m,长8_1

图 2-19　岩心样品次生孔隙铸体薄片照片(续)

如图 2-20 所示,通过扫描电镜观察发现,长 8 致密砂岩储层发育的溶蚀孔隙孔径较小,多见长石碎屑溶蚀或淋滤溶蚀形成的粒内溶孔,在孔隙发育过程中存在自生石英及黏土矿物附着。

为进一步了解长 8 致密砂岩储层中微米、纳米级孔喉的发育特征,对 6 块岩心进行了氩离子抛光场发射扫描电镜分析。通过样品图片,可对姬塬长 8 储层致密砂岩的微米、纳米级孔喉系统有一个感官上的认识,明确微米、纳米级孔喉的发育形态。如图 2-21 所示,左侧样品取自塬 88-42 井,取心深度 2958.19m,属长8_1小层。样品微米、纳米级孔隙喉道发育,主要见有纳米级钾长石碎屑的溶蚀孔,孔径可达到纳米级,最小处为 105.3nm;同时,还发育有纳米级粒内溶孔,孔径为 98.5nm;还可观察到微米级胶结物晶间溶孔,以及碎屑中的溶孔等,其孔径分布在微米级。

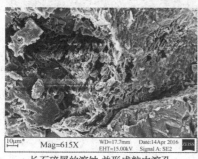
长石碎屑的溶蚀,并形成粒内溶孔
Y29-100井,2605.6m,长8_2

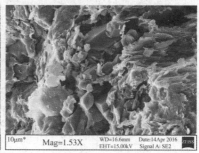
粒内溶孔与自生石英
Y28-99井,2649.4m,长8_1

图 2-20　岩心样品次生孔隙扫描电镜照片

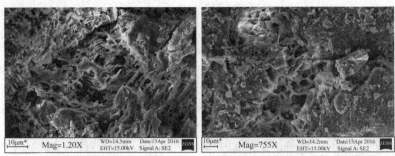

长石碎屑的淋滤溶蚀现象　　　　　粒内溶孔中的似蜂巢状伊/蒙混层矿物
Y88-42井,2586.9m,长8_1　　　　　Y88-21井,2794.58m,长8_1

图 2-20　岩心样品次生孔隙扫描电镜照片(续)

如图 2-21 所示,右侧样品取自 Y53-89 井,取心深度 2577.97m,属长8_1小层。样品纳米级孔喉发育,主要见有沸石类矿物的纳米级溶孔,其孔隙形态多样,孔径范围最小可达纳米级(117.3nm)。同时,还可以见到粒内微米级溶孔发育,孔径最小在 1μm 左右。整体观察可以看出,长 8 致密砂岩岩心的微米级孔喉较纳米级孔喉更加发育,且孔隙、喉道的形态多样,连通性良好。

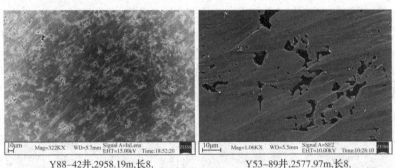

Y88-42井,2958.19m,长8_1　　　　　Y53-89井,2577.97m,长8_1

图 2-21　岩心样品场发射扫描电镜照片

薄片观察中还发现一类次生孔隙,主要是绿泥石、高岭石等黏土矿物在复杂成岩作用过程中产生的,但是该类孔隙在长 8 储层发育程度较低,并且孔隙的连通性较差,不具备储集意义。

三、微裂隙

该类孔隙在姬塬长 8 致密砂岩储层中发育程度很低,其主要是由于在复杂成岩作用下受到剪切、拉伸等复杂构造应力的条件下产生的一类储集空间。在大量发育微裂隙的储层中,储层渗透率一般较高,孔隙连通程度可以得到显著提升,

第二章 致密砂岩孔喉结构特征

这都是归结于微裂隙对储层孔隙喉道结构及连通程度的改善作用。在鄂尔多斯盆地砂岩储层中，常见的微裂隙主要由云母、长石颗粒的解理缝和微裂缝构成。通过场发射扫描电镜可观察到微裂隙的形态，如图2-22所示。

破裂孔及长石溶孔
Y88-21井,2791.55m,长8_1

长石碎屑的裂隙
Y40-92井,2613.47m,长8_2

图2-22 岩心样品微裂隙图

第五节 孔喉结构特征

压汞技术是探究储层孔喉结构的一项成熟技术，其主要是通过毛管力和汞饱和度之间的关系曲线来定量评价砂岩储层的微观孔隙结构特征参数。通常，孔喉结构特征可以控制毛管压力曲线的形态，反过来，毛管压力的曲线形态也可以反映储层孔隙结构参数特征。毛管压力曲线是否平缓受制于喉道的分选特征，喉道分选好会使毛管压力曲线的形态更加平缓，理想状态是毛管压力曲线平行于横坐标。同时，毛管压力曲线的歪度是喉道分布情况的反映，一般分为粗歪度和细歪度曲线，根据前人的研究经验，对于油气储层而言，毛细管压力曲线歪度越粗，越有利于油气流体在孔隙喉道中渗流。综上所述，我们可以从压汞得到的毛管压力曲线中获知汞饱和度与孔喉半径，以及孔喉特征参数之间的关系，从而进一步深入分析揭示致密砂岩孔喉特征、分布及演化规律。在获取到压汞曲线之后，可通过该曲线获取到多项孔喉结构参数，如喉道中值半径、分选系数、歪度、排驱压力等，通过这些参数我们可以对储层微观孔喉结构进行定量描述。通常，我们采用以下几个参数分析岩心样品的压汞曲线特征：

（1）排驱压力：是指孔隙系统中最大连通孔隙喉道所对应的毛管压力，是表征砂岩储层孔喉储集与渗流能力的重要特征参数。通常认为，如果储层物性较好，孔隙度大，位于岩心中的最大喉道半径较粗，岩心孔喉渗流能力强，那么该岩心对应的排驱压力值就很低。长 8 储层排驱压力在 0.3341~10.3319MPa。

(2) 中值半径：是指当水银饱和度为 50% 时所对应的孔喉半径值，该值可以直观地反映岩心的孔喉大小分布规律。统计结果表明，岩心样品的中值半径分布在 0.0081~0.2850μm。

(3) 中值压力：是指当水银饱和度为 50% 时所对应的压力，样品的中值压力分布在 2.5792~90.7912MPa。

(4) 分选系数：是指描述孔隙大小的分选程度，样品的分选系数分布在 0.9862~2.4073。从分选系数和储层关系来看，存在分选好而孔渗较差的现象，因此从这一角度来讲，分选系数并不能单独用来反映孔隙结构的好坏。

姬塬油田长 8 油层具有排驱压力和中值压力较高、中值半径较小、分选较好、退汞效率较高的特点。变异系数在 4.9399~21.1892，歪度在 -0.3813~0.6481，均值分布在 11.3408~15.3139μm，最大进汞饱和度在 66.70%~92.49%，退汞效率在 24.99%~46.41%。综上所述，该区长 8 油层组总体上属细、微细喉道，平均分选系数 1.8912，分选较好。

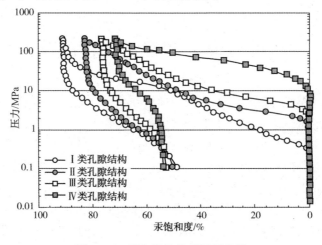

图 2-23　岩心样品典型压汞曲线

通过对岩心样品的压汞曲线形态综合分析发现，可将姬塬长 8 致密砂岩的孔隙结构分为以下四类：Ⅰ类中孔型、Ⅱ类小孔型、Ⅲ类细孔型、Ⅳ类微孔型，如图 2-23 所示。从Ⅰ类到Ⅳ类，排驱压力依次升高，中值半径逐渐减小，也说明孔喉结构在逐渐变差，孔隙度、渗透率数值均在降低。

1. Ⅰ类(样品数 13)

Ⅰ类毛管压力曲线形态反映了好的储层物性及孔喉结构特征，通常这类孔喉受到成岩作用的负面影响较小，压实作用在此类孔喉中较少见。其主要特征为孔喉半径较大，低排驱压力，低中值压力，见表2-6。毛管压力曲线形态平缓，整体向左下方靠拢，如图2-24所示。该类孔隙主要为粒间孔，其次为溶蚀孔隙类型。

表2-6 I类孔隙结构参数平均值

分 类	孔隙度/%	渗透率/$10^{-3}\mu m^2$	分选系数	中值半径/μm	中值压力/MPa	排驱压力/MPa	最大进汞饱和度/%
I	10.00	0.235	2.1028	0.1221	7.1447	0.7588	89.27

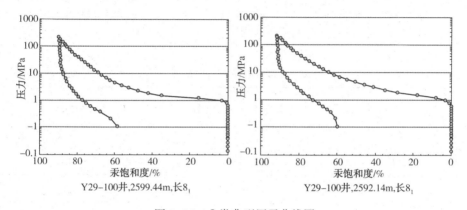

图2-24 I类典型压汞曲线图

2. II类（样品数10）

II类毛管压力曲线形态反映了较好的孔喉结构特征，通过镜下观察，该类孔隙主要为粒间孔。如表2-7所示，实际压汞过程中孔喉进汞饱和度高，有较高排驱压力、较高中值压力；毛管压力曲线位于中间位置，不偏向任何一方，如图2-25所示。

表2-7 II类孔隙结构参数平均值

分 类	孔隙度/%	渗透率/$10^{-3}\mu m^2$	分选系数	中值半径/μm	中值压力/MPa	排驱压力/MPa	最大进汞饱和度/%
II	7.61	0.122	1.9480	0.0957	8.8915	1.1859	85.88

3. III类（样品数7）

III类毛管压力曲线形态反映的孔喉结构特征及物性已不如I类和II类孔喉，其孔隙结构及物性特征明显变差。如表2-8所示，孔喉进汞饱和度低，排驱压力大，中值压力也很大，毛管压力曲线形态上翘（图2-26）。

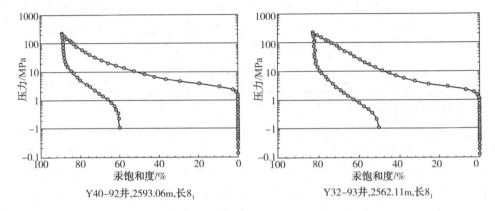

图 2-25 Ⅱ类典型压汞曲线图

表 2-8 Ⅲ类孔隙结构参数平均值

分类	孔隙度/%	渗透率/$10^{-3}\mu m^2$	分选系数	中值半径/μm	中值压力/MPa	排驱压力/MPa	最大进汞饱和度/%
Ⅲ	6.16	0.048	1.7881	0.0549	14.7981	1.8711	85.47

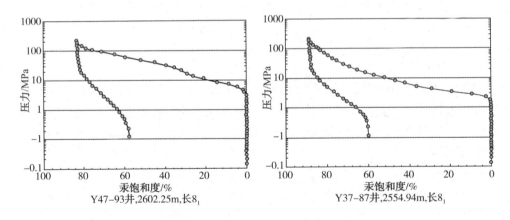

图 2-26 Ⅲ类典型压汞曲线图

4. Ⅳ类(样品数 9)

Ⅳ类毛管压力曲线形态反映了储层物性较差,孔喉连通程度低,渗流能力低的一类岩心样品,如图 2-27 所示。从镜下观察该类样品孔隙空间发育程度差,仅有微裂隙或少量溶孔发育,无实际储集意义,存在此类特征的样品数量较少。如表 2-9 所示,该类样品孔喉进汞饱和度低,中值压力较大,而排驱压力值则比较低。

表 2-9　Ⅳ类孔隙结构参数平均值

分　类	孔隙度/%	渗透率/$10^{-3}\mu m^2$	分选系数	中值半径/μm	中值压力/MPa	排驱压力/MPa	最大进汞饱和度/%
Ⅳ	4.30	0.022	1.6028	0.0163	51.4427	3.89	79.16

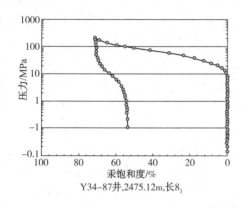 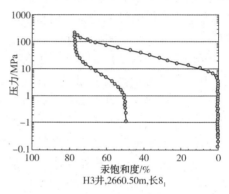

图 2-27　Ⅳ类典型压汞曲线图

通过对以上四类孔隙结构的分析发现，Ⅰ类、Ⅱ类储层的孔喉物性好，整体表现为排驱压力低，平均值小于 1.2MPa。中值半径在 0.1μm 左右，孔隙度、渗透率值均比较大，是长 8 储层中良好的储集空间。通过薄片及扫描电镜观察，该类孔喉主要由原生孔隙构成，其次为溶蚀孔隙。毛管压力曲线反映孔喉空间大，连通性较好，该类样品占到总数的 57.5%。Ⅲ类、Ⅳ类孔喉的物性较差，该两类样品占到总数的 42.5%，主要特征为高排驱压力，范围在 1.50~10.33MPa；中值半径变小，Ⅳ类孔喉的孔隙度只有 4% 左右，而渗透率均值也只有 $0.022\times 10^{-3}\mu m^2$，在长 8 储层中属于较差的储集空间。镜下观察发现，该类样品主要为粒内溶孔及少量微孔发育，孔喉连通性较差，无实际储集意义。

第六节　孔喉连通性分析

微纳米 CT 的一个重要优势是可以在无损的状态下进行测试分析，可获得样品的孔渗参数、孔隙结构参数、孔喉连通性特征和孔喉内部流体赋存状态等大量参数。目前，分辨率最高的纳米级 CT 可辨识 100nm 的孔喉。通过对姬塬长 8 致密砂岩样品的采样分析，可获取孔喉连通状况、孔隙喉道三维立体模型及流体赋存状态等。

一、测试原理

X射线微米级CT是利用锥形X射线穿透物体,通过不同倍数的物镜放大图像,由360°旋转所得到的大量X射线衰减图像重构出三维的立体模型如图2-28所示。利用微米级CT进行岩心扫描的特点在于:不破坏样本的条件下,能够通过大量的图像数据对很小的特征面进行全面展示。由于CT图像反映的是X射线在穿透物体过程中能量衰减的信息,因此三维CT图像能够真实地反映出岩心内部的孔隙结构与相对密度大小。

典型的X射线CT布局系统如图2-29所示,X射线源和探测器分别置于转台两侧,锥形X射线穿透放置在转台上的样本后被探测器接收,样本可进行横向、纵向平移和垂直升降运动,以改变扫描分辨率。当岩心样本纵向移动时,距离X射线源越近,放大倍数越大,岩心样本内部细节被放大,三维图像更加清晰,但同时可探测的区域会相应减小;相反,样本距离探测器越近,放大倍数越小,图像分辨率越低,但是可探测区域增大。样本的横向平动和垂直升降用于改变扫描区域,但不改变图像分辨率。放置岩心样本的转台本身是可以旋转的,在进行CT扫描时,转台带动样本转动,每转动一度或两度,X射线照射样本获得投影图。将旋转360°后所获得的一系列投影图进行图像重构后得到岩心样本的三维图像。与传统X射线成像相比,X射线CT能有效地克服传统X射线成像由于信息重叠引起的图像信息混淆(图2-29)。

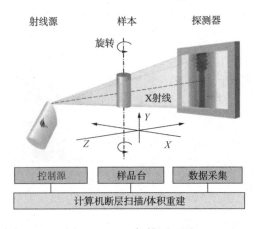

图2-28 CT扫描原理图

图2-29 X射线CT扫描成像布局图及设备全照

二、测试仪器

仪器基本性能参数见表 2-10。

表 2-10　仪器基本性能参数

参　数	测试范围
样本大小/mm	1~70(样本直径)
电压/kV	40~240
分辨率/μm	0.5~35

三、测试流程

按测试要求，先将岩心柱塞样品进行整体扫描，再对其中一块样品进行高精度扫描。根据扫描得到的数据进行图像、动画处理，孔隙网络模型建立。测试流程如图 2-30 所示。

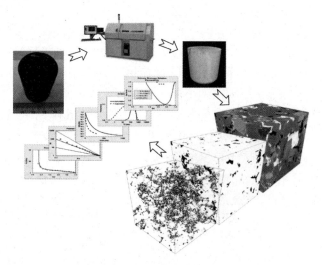

图 2-30　微米 CT 分析工作流程图

四、数据处理方法

1. 二维图像分析与处理

利用 ImageJ 软件的图像分割(Segmentation)技术，对重构出的三维微米级 CT 灰度图像进行二值化分割，划分出孔隙与颗粒基质，得到可用于孔隙网络建模与渗流模拟的分割图像(Segmented Image)。对 CT 扫描数据进行切片，得到横向和纵向的灰度图像，通过 Avizo 软件提取孔隙图像并进行三相分隔。

对扫描图像进行重构后，得到微样本三维灰度图像。由于 CT 图像的灰度值反映的是岩石内部物质的相对密度，因此 CT 图像中明亮的部分认为是高密度物质，而深黑部分则认为是孔隙结构。利用 Avizo 软件通过对灰度图像进行区域选取、降噪处理，将孔隙区域用红色渲染；将图像分割与后处理提取出孔隙结构之后的二值化图像，其中黑色区域代表样本内的孔隙，白色区域代表岩石的基质。

2. 三维可视化处理

三维可视化的目的在于将数字岩心图像的孔隙与颗粒分布结构用最直观的方式呈现。通过 Avizo 三维可视化工具进行数据可视化，简易、直观地表述及模拟。利用 Avizo 提供的强大的数据处理功能，不仅可以表现出岩心三维立体的空间结构，同时还可以利用 Avizo 的数值模拟功能实现岩心内部油藏流动的动态模拟展示。在 Avizo 中的 Image Segmentation 选项中选取适当的分割方法可以将实际样本中的不同密度的物质按照灰度区间分割，并直观地呈现各组分的三维空间结构（其中，可以将这些三维立体结构旋转、切割、透明等各种效果呈现）。

3. 三维孔隙网络模型建立

采用"最大球法(Maxima-Ball)"进行孔隙网络结构的提取与建模，既提高了网络提取的速度，也保证了孔隙分布特征与连通特征的准确性。

"最大球法"是把一系列不同尺寸的球体填充到三维岩心图像的孔隙空间中，各尺寸填充球之间按照半径从大到小存在着连接关系。整个岩心内部孔隙结构将通过相互交叠及包含的球串来表征，如图 2-31 所示。孔隙网络结构中的"孔隙"和"喉道"的确立是通过在球串中寻找局部最大球与两个最大球之间的最小球，从而形成"孔隙-喉道-孔隙"的配对关系来完成，如图 2-32 所示。最终，整个球串结构简化成为以"孔隙"和"喉道"为单元的孔隙网络结构模型。"喉道"是连接两个"孔隙"的单元；每个"孔隙"所连接的"喉道"数目，称之为配位数。

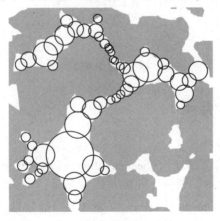

图 2-31 "最大球"法提取孔隙网络结构

第二章 致密砂岩孔喉结构特征

在用最大球法提取孔隙网络结构的过程中,形状不规则的真实孔隙和喉道被规则的球形填充,进而简化成为孔隙网络模型中形状规则的孔隙和喉道。在这一过程中,利用形状因子 G 来存储不规则孔隙和喉道的形状特征。形状因子的定义为 $G=A/P^2$,其中 A 为孔隙的横截面积,P 为孔隙横截面周长,如图 2-33 所示。

在孔隙网络模型中,利用等截面的柱状体来代替岩心中的真实孔隙和喉道,截面的形状为三角形、圆形或正方形等规则几何体。在用规则几何体来代表岩心中的真实孔隙和喉道时,要求规则几何体的形状因子与孔隙和喉道的形状因子相等。尽管规则几何体在直观上与真实孔隙空间差异较大,但它们具备了孔隙空间的几何特征。此外,三角形和正方形截面都具有边角结构,可以有效地模拟两相流中残余水或者残余油,与两相流在真实岩心中的渗流情景非常贴近。

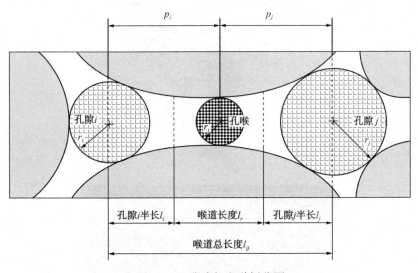

图 2-32 孔隙与喉道划分图

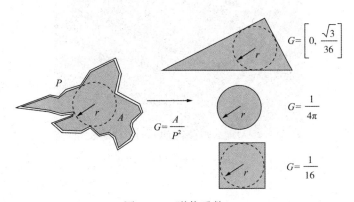

图 2-33 形状系数 G

孔隙网络模型建立，是指通过某种特定的算法（欧勒姆采用"最大球法"），从二值化的三维岩心图像中提取出结构化的孔隙和喉道模型，同时该孔隙结构模型保持了原三维岩心图像的孔隙分布特征以及连通性特征，如图 2-34 及图 2-35 所示。

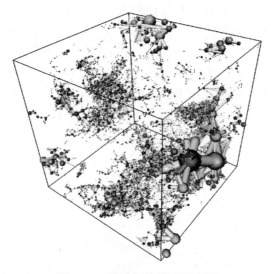

图 2-34　孔隙网络模型示意图

图 2-35　三维孔隙填充示意图

第二章 致密砂岩孔喉结构特征

4. 孔喉参数计算

根据提取的孔隙网络,统计孔隙网络尺寸分布,分析网络连通特性。通过对孔隙网络模型进行各项统计分析,了解真实岩心中的孔隙结构与连通性。孔隙网络模型统计分析具体包括:

(1)尺寸分布:包括孔隙和喉道半径分布、体积分布,喉道长度分布,孔喉半径比分布,形状因子分布等。

(2)连通特性:包括孔隙配位数分布,以及欧拉连通性方程曲线。

(3)相关特性:对孔隙和喉道的尺寸、体积、长度等任意两个物理量之间进行相关性分析。

五、测试结果

通过专业测试软件,将 CT 扫描数据重构成三维立体岩心孔隙分布图,从图中可以看出致密砂岩岩心样品的孔隙分布位置,孔隙与喉道的连通关系等特征。同时,统计了孔隙半径和喉道半径参数,通过孔隙半径分布图和喉道半径分布图可对岩心样品的孔喉尺度有明确的认识,如图 2-36~图 2-38 所示。

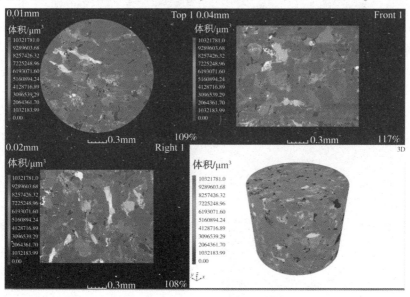

图 2-36 岩心及孔隙度扫描视图

如图 2-39 所示,将岩心孔隙半径分布范围分为 5 个,其中分布频率最高的是 2~5μm,分布频率为 58.17%,其次是 0~2μm,分布频率为 27.13%。大于 5μm 的分布范围很低。孔隙半径分布范围符合前人对鄂尔多斯盆地长 8 致密砂岩储层的认识。

图 2-37　岩心孔隙三维立体结构模型

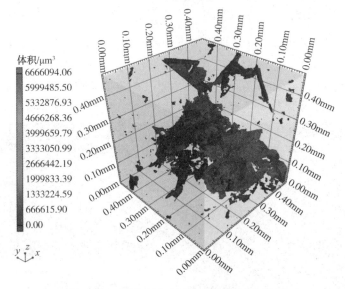

图 2-38　截取部分孔隙三维立体结构模型

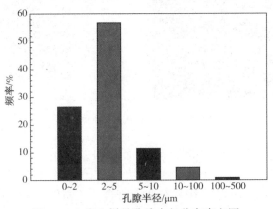

图 2-39　岩心样品孔隙半径分布直方图

第二章 致密砂岩孔喉结构特征

通过孔喉球棍模型及喉道分布三维立体模型可以看出，长 8 致密砂岩孔隙和喉道的连通性较好，孔隙喉道分布均匀，喉道在岩心孔喉系统中起到了较好的连接作用。如图 2-40 所示，从三维立体结构模型来看，喉道在岩心样品中的分布不均匀，个别位置分布过于集中。如图 2-40 和图 2-41 所示是孔隙的三维立体分布模型，其相对喉道分布来说更加均匀。

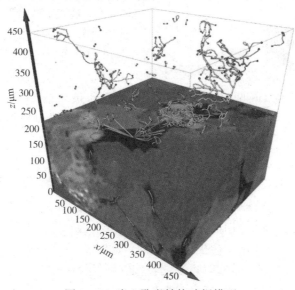

图 2-40　岩心孔喉结构球棍模型

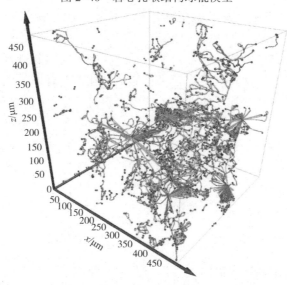

图 2-41　岩心喉道三维立体结构模型

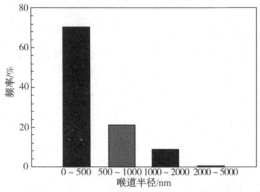

图 2-42　岩心样品喉道半径分布直方图

从喉道相关分析可知(图 2-42)，岩心样品的主要喉道分布范围在 0~500nm，频率为 70.5%。其次为 500~1000nm，分布频率只有 20.7%；1~2μm 的分布频率在 8.5%。最大孔喉配位数 3.8，孔喉连通性较好。从微纳米 CT 分析数据可知，姬塬油田长 8 致密砂岩的孔隙半径分布在微米级，而大量喉道半径则分布在纳米级尺度下，这为后续的孔喉伤害分析提供了理论支持。

第七节　孔喉半径转化

核磁共振测试是通过岩心样品饱和油水后置于均匀分布的静磁场中，流体中的氢核(^{1}H)会被磁场极化，产生磁化矢量。此时，对样品施加一定频率的射频场，就会产生核磁共振。撤掉射频场就会接收到氢核在孔隙中做弛豫运动幅度随时间以指数函数衰减的信号。核磁共振信号衰减的快慢可以用纵向弛豫时间 T_1 和横向弛豫时间 T_2 来描述。因 T_2 测量速度快，所以核磁共振测量中多采用 T_2 测量法。氢核做横向弛豫运动时与孔隙壁产生碰撞，造成氢核能量损失。碰撞越频繁，氢核的能量损失就越快，这样就加快了氢核的横向弛豫过程。氢核与孔隙壁碰撞的频率由孔隙大小决定。孔隙越小，氢核与孔隙壁碰撞的概率越大，由此得出孔隙大小与氢核弛豫率的反比关系，这就是核磁共振谱(T_2谱)研究岩石孔隙结构的理论基础。即

$$\frac{1}{T_2} = \rho \frac{S}{V} \tag{2-1}$$

式中　T_2——孔道内流体的核磁共振 T_2 弛豫时间；

ρ——岩石表面弛豫强度常数；

$\dfrac{S}{V}$——孔隙比表面。

T_2 反映岩石孔隙内比表面的大小，与孔隙半径成正比。储层岩石多孔介质由大小不同的孔隙组成的，存在多种指数衰减信号，总的核磁弛豫信号 $S(t)$ 是不同大小孔隙核磁弛豫信号的叠加：

$$S(t) = \sum_{i=1}^{\infty} A_i \exp(-t/T_{2i}) \quad (2-2)$$

式中 T_{2i}——第 i 类孔隙的 T_2 弛豫时间;

A_i——弛豫时间为 T_{2i} 的孔隙所占比例,对应于岩石多孔介质内的孔隙比面 $\dfrac{S}{V}$ 或孔隙半径的分布比例。

在获取 T_2 衰减信号叠加曲线后,采用数学反演技术可以计算出不同弛豫时间(T_2)的流体所占份额,即为核磁共振 T_2 弛豫时间谱。

核磁共振技术是本次定量分析评价微米、纳米孔喉系统堵塞程度的重要手段,因此,只有将核磁共振 T_2 弛豫时间与实际的岩心孔喉半径联系起来,才能定量描述不同孔径中的流体分布特征。本次实验通过压汞实验结果与核磁共振 T_2 谱结合,通过计算得到将 T_2 弛豫时间(ms)转换成岩心孔喉半径 $r(\mu m)$,针对每块岩心计算其转化系数 C 值,进而将核磁共振 T_2 谱转化成以孔喉半径 $r(\mu m)$ 为横坐标的分布图。

为了通过核磁共振 T_2 谱获得岩心样品的孔径分布,需确定 T_2 弛豫时间与压汞孔喉半径的转化系数 C。如图 2-43 所示,高辉等(2015)提出该转换方法,以获取转化系数 C。首先,绘制一条关于 $\lg r$ 的曲线,其中 r 代表孔隙半径,从压汞获得的孔隙半径累积频率曲线,绘制在图 2-44 中。我们观察到岩心样品的孔隙半径分布在 0.3~300.0μm。对另外一段岩心饱和地层水,进行核磁共振 T_2 谱采样。然后,设定各种 C 值通过 $\lg C + \lg T_2$ 计算相对值累积频率分布曲线。随后,计算从核磁共振 T_2 谱得到的孔喉半径与压汞测试获得的孔喉半径的偏差系数(δ),计算公式如下:

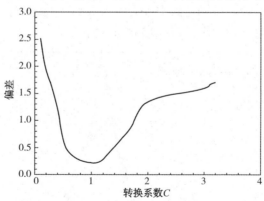

图 2-43 计算值与测试值的转换系数偏差分布图

$$\delta = \dfrac{\sqrt{\sum_{i=1}^{n}(r_i - CT_{2i})^2}}{100} \quad (2-3)$$

如图 2-43 所示，δ 值达到最小值时，对应的 C 值为最佳转换系数。该岩心的最佳 C 值为 1.15。图 2-44 为通过 T_2 时间计算得到的孔径与压汞实测孔径分布对比，从图中可以看出通过该方法计算将 T_2 弛豫时间转化为孔喉半径。

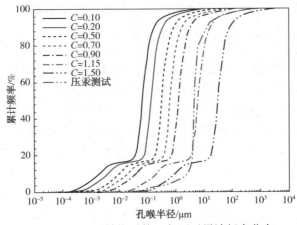

图 2-44 不同转换系数 C 与压汞累计频率分布

通过图 2-45 可以看出，通过压汞和核磁共振两种方法测得的长 8 致密砂岩孔喉分布形态均为双峰，且左峰的幅度低于右峰的幅度。左峰可表示较小孔喉，其孔径分布在 $0.1 \sim 1 \mu m$，即 $100 \sim 1000 nm$；右峰可代表较大孔喉，孔喉尺度为 $1 \sim 100 \mu m$。因此，在对 CO_2 驱沥青质沉积和 CO_2-孔喉相互作用对微米、纳米孔喉系统的伤害进行评价时，可按照上述规律定量分析纳米级孔喉和微米级孔喉的堵塞程度，其左侧低峰可以涵盖致密砂岩纳米级的孔喉分布；而右侧较高峰的堵塞评价则可以揭示致密砂岩微米级孔喉的伤害情况。

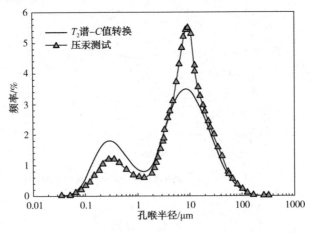

图 2-45 T_2 谱-C 值转换与压汞测试结果对比

第三章

沥青质沉积效应

第三章 沥青质沉积效应

在致密油藏 CO_2 驱替过程中,CO_2 与地层原油会发生一系列相互作用。其中,有些相互作用有利于提高驱替效率,提高原油采收率,而还有一些相互作用则对油田生产起到负面效应,其中最值得石油工程师关注的就是 CO_2 溶于原油后引起的沥青质沉积现象。沥青质沉积在储层中会对孔隙喉道产生一定的堵塞、桥塞作用,特别是在致密砂岩储层中,孔喉尺度小,孔隙结构复杂,非均质性强;少量的沥青质沉积便会使微米、纳米级孔喉系统发生堵塞,严重影响到 CO_2 驱替效率。因此,本章着重讨论 CO_2 驱沥青质沉积实验结果及对储层和生产的影响。

在进行沥青质沉积实验中,为排除 CO_2 驱 CO_2-孔喉的相互作用对孔喉堵塞程度及渗透率伤害定量评价的影响,实验采用石英砂环氧树脂胶结人造岩心进行室内驱替实验。该岩心由东北石油大学提高油气采收率教育部重点实验制造,其主要成分不会与弱酸性液体发生反应,并且制造工艺成熟,可模拟姬塬油田长 8 油藏真实致密砂岩岩心,如图 3-1 所示。

实验采用的致密人造岩心孔隙度在 2.1%~4.8%,平均值为 3.64%;渗透率在 $(0.21~0.24)\times10^{-3}\mu m^2$,平均值为 $0.2190\times10^{-3}\mu m^2$。矿物溶蚀实验用到的天然岩心孔隙度在 3.07%~9.51%,平均值为 6.85%;渗透率在 $(0.04~0.43)\times10^{-3}\mu m^2$,平均值为 $0.2188\times10^{-3}\mu m^2$。通过人造岩心与天然岩心的物性分析可以看出,人造岩心由于其制造工艺的原因,孔隙度低于天然岩心;但是,人造岩心的渗透率分布与天然岩心接近,二者渗透率平均值基本一致。因此,认为该两类岩心的实验结果具有可对比性。

图 3-1 人造岩心照片

人造岩心在制造过程中,首先可改变砂粒粒度来控制岩心的渗透率、孔喉结构等物性特征。其次可通过改变胶结物组分含量以及压制岩心时的压力参数来控制孔隙度,同时在制备过程中增加黏土矿物等天然岩心成分,可使人造模型更接近天然岩心。最后可根据需要选用化学剂控制岩心孔喉壁面的润湿性。

第一节 最小混相压力测试

在 CO_2 驱过程中,原油与 CO_2 是否达到混相,对沥青质沉积量及沉积条件有重要的影响。原油与 CO_2 实验混相的一个重要条件就是达到最小混相压力 MMP。因此,准确测量实验油样和 CO_2 的最小混相压力是研究 CO_2 驱沥青质沉积的重要一步。测试 MMP 的方法很多,通过前人研究实践,认为最可靠的方法是细管实验法。因此,在 CO_2 驱沥青质沉积物理模拟实验之前,将采用该方法测定 CO_2 与实验油样的 MMP 值。

国内外大量实验及理论研究成果显示,原油与 CO_2 实现混相仅与实验的温度、压力等条件有关,与储层孔隙结构、孔喉尺度、物性参数等因素无关。因此,笔者认为本次通过细管实验测得的 MMP,与油田现场的 MMP 一致,可作为 CO_2 驱沥青质沉积物理模拟实验参数。

1. 实验材料

细管实验的原油样品取自鄂尔多斯盆地姬塬油田长 8 油藏,与驱替实验采用同一油样,以保证 MMP 值的可参考性。实际油藏中的原油都含有一定量的溶解气,因此,为准确测量 MMP 值,测试油样也需要模拟实际原油成分,将油样充注一定量溶解气。实验室对原油样品充注溶解气一般使用甲烷气体,但是其存在两个弊端。首先,甲烷气体会对实验装置橡胶密封圈产生一定的腐蚀作用,导致出现气体泄漏的可能性,甲烷气体易燃易爆,危及实验安全;其次,如果考虑使用 $C_2 \sim C_4$ 作为溶解气进行充注,其常温常压下也为气态,存在与充注甲烷相同的困难。因此,从实验安全角度出发,本次细管实验及后续 CO_2 驱沥青质沉积物理模拟实验均采用不含溶解气的原油样品进行实验,原油参数见表 3-1。

表 3-1 原油样品物质的量组成

组 分	C_1	C_2	C_3	C_4	C_5	C_6	C_{7+}	$MW_{C_{7+}}$
摩尔分数/%	0.00	0.00	0.11	1.67	3.15	11.18	83.89	445.1

油田 CO_2 驱现场使用的 CO_2 气体有纯气,也有含杂质的气体。其中,杂质气体种类多,组成复杂,同时含有烃气和硫化氢等危险气体,不利于实验室安全操作。因此,本次实验采用纯 CO_2 气体,纯度 99.9%,由西安卫光气体有限公司提供。

2. 实验设备

整个细管实验的装置如图 3-2 所示，通常细管实验选用不锈钢盘管的管径为 3~8mm，长度为 12~40m，填充粒径在 80~200 目的砂粒。本次实验采用不锈钢盘管内径 5mm、长度 21m、砂粒 100~150 目，测得细管模型的孔隙度为 38.62%。

细管实验主要实验装置由注入系统、驱替系统、计量系统三个部分组成：

(1) 注入系统：作用是按照实验方案既定的流速与注入量将 CO_2 注入细管中，整个注入系统主要由高压泵、容器、CO_2 气瓶组成。

(2) 驱替系统：是实验核心部件，主要包括细管、恒温箱和回压系统等。

(3) 计量系统：为整个实验装置中起到测量作用的部件，包括测压计、测温计、流量计、重量计等。

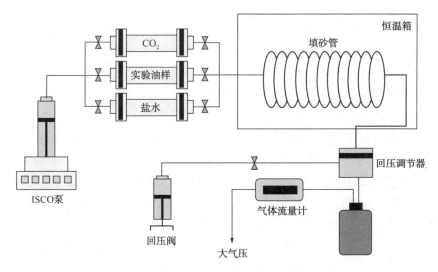

图 3-2　细管实验装置示意图

3. 实验步骤

(1) 用 100~150 目砂粒，填充过程中不断摇动细管使充填均匀，充填完成时清洗细管，干燥。

(2) 在细管与其他驱替部件连接完成后，为细管中充注 10MPa 氮气检查各连接部位气密性，1h 后观察压力下降情况，压力高于 9.8MPa，认为气密性良好。

(3) 对整个驱替系统抽真空，包括细管及各部位管线，保证整个驱替系统中无空气。

(4) 通过回压泵设置回压，本次回压分别为 14.1MPa、18.2MPa、22.0MPa、

26.5MPa 和 30.1MPa。

（5）在实验设定温度下，将盐水以 0.1mL/min 的恒定速度注入细管中，待出口流量稳定后，记录注入总流量 $V_入$ 和出口总流量 $V_出$ 的体积差，其体积差即为细管的孔隙体积，以此计算细管孔隙度，本实验细管孔隙度为 38.78%。同时，测定出口阀与回压阀之间的管道体积，该体积加上细管孔隙体积，得到孔隙总体积。

（6）将配制好的油样导入中间容器中，打开注入泵将油样以 0.1mL/min 的速度注入细管中，进行油驱水，直到出口端产出液含油量达到 99% 时停止驱替，完成原始油水模型建立。

（7）将恒温箱温度调至实验设定温度，在 0.1mL/min 速度下注入 CO_2 气体驱替细管中的原油样品。实验过程中记录产出油量、入口及出口压力，在注入气量达到 1.5PV 时停止驱替。

（8）实验结束后，排空 CO_2，清洗细管及驱替管线，烘干，重复上述实验步骤，完成不同驱替压力下的实验。

4. 最小混相压力确定

通常，细管实验确定最小混相压力 MMP 须选取 5 个以上驱替压力点，根据前人对姬塬长 8 油藏原油性质的研究成果，本次实验特筛选了 14.1MPa、18.2MPa、22.0MPa、26.5MPa 和 30.1MPa 5 个压力进行实验。最小混相压力通常以不同驱替压力下最终采收率曲线拐点对应的压力来取值。图 3-3 为不同 CO_2 注入量对应的采收率曲线和确定最小混相压力的实验曲线。

从整体特征来看，随着 CO_2 注入量的增加，原油采收率呈单调上升趋势；当注入压力为 14.1MPa 时，原油采收率累计曲线前期增加速递很快，当注入量达到 4PV 时，采收率基本达到最大值；直至 CO_2 注入量到达 7PV，采收率上升幅度很小，最终原油采收率为 61.2%。

在注入压力设定为 18.2MPa 时，采收率随注入量的增加，上升幅度接近，最终达到 79.5%。当注入压力上升至 22MPa，原油采收率的上升幅度非常快，注入量从 1PV 达到 6PV，均为高速上升阶段，直到 6PV 之后，原油采收率趋于平稳，累计采收率在 92%。再次升高注入压力至 26.5MPa、30.1MPa，采收率曲线随注入量上升形态相似，基本在 6PV 时接近最大值采收率。如图 3-3（f）所示，采收率与原油注入压力曲线的拐点对应的值为 21.6MPa。因此，我们确定姬塬长 8 油藏原油样品与 CO_2 的最小混相压力为 21.6MPa，此压力下对应的原油采收率为 91.5%，基本接近最大采收率。

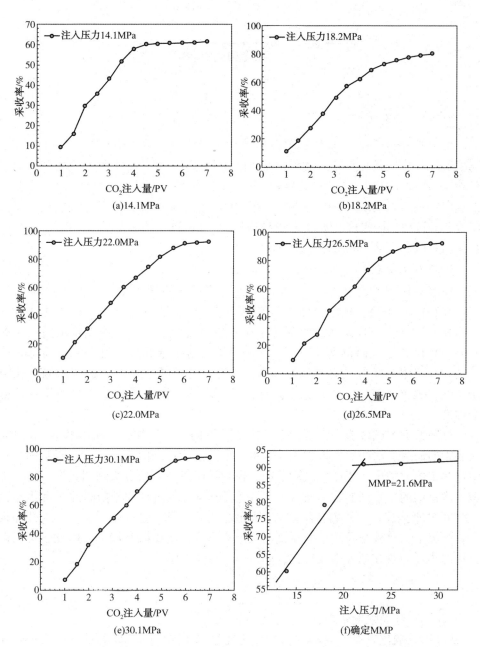

图3-3 不同压力下 CO_2 注入量和采收率关系曲线及 MMP 确定曲线

第二节 物理流动模拟实验

一、实验原理

本次 CO_2-原油相互作用实验,温度和压力完全模拟姬塬油田长 8 油藏实际地层条件。通过驱替实验,结合核磁共振技术,定量评价 CO_2 驱沥青质沉积对致密砂岩储层物性和微米、纳米孔喉系统的伤害程度。为排除 CO_2 驱 CO_2-孔喉的相互作用对实验结果的影响,本次采用物性与长 8 储层一致的人造岩心进行模拟实验,通过对不同尺度孔喉系统受到伤害程度的评价,揭示 CO_2 驱 CO_2-原油相互作用对微米、纳米孔喉系统的影响机理。

1. 核磁共振理论基础

核磁共振技术自从医学领域引入油气田开发领域以来,得到了广泛的应用。其在储层评价、孔隙流体、孔隙结构和物性参数研究方面相比其他技术具有明显的优势。原理是通过监测储层流体中的氢核信号,获得流体在储层孔隙中的分布位置,进而得到孔隙度、渗透率、束缚水饱和度、可动流体信息、孔隙结构、孔喉分布等一系列储层参数。本次研究可通过核磁共振技术测定孔隙流体在 CO_2 驱替前后的位置分布差异,进一步确定沥青质沉淀的堵塞位置及堵塞程度。

核磁共振测试过程中,装置会给饱和流体的岩心施加一个分布均匀的磁场,孔喉中的油或者水的氢核被磁化,产生一个矢量。在此情况下,对岩心施加一个固定频率的射频场,便产生核磁共振。在去掉频射场后,会检测到氢核在孔隙中做弛豫运动的一系列参数。通常,这种弛豫运动是通过横向弛豫时间 T_1 和纵向弛豫时间 T_2 来描述。氢核做弛豫运动会与孔壁产生碰撞,造成能量损失。在孔隙较小的情况下,氢核与孔隙壁面碰撞的次数将增多,碰撞概率增大。因此,可以得出孔隙半径与氢核弛豫率成反比,即

$$\frac{1}{T_2} = \rho \left(\frac{S}{V}\right)_{pore} \quad (3-1)$$

式中 ρ——弛豫强度常数;

S/V——喉比表面,$S/V = F_S/r$,F_S 为孔隙形状因子(无量纲),它的大小随孔隙模型的不同而不同。

因此,岩心孔喉 T_2 弛豫时间可表示为:

$$T_2 = T_{2S} = \frac{1}{\rho F_S} r \quad (3-2)$$

式中，ρ 和 F_s 均为无量纲常数。因此，T_2 值与储层岩石孔喉半径呈正比，其值越大反映孔喉越大。

对于长 8 储层真实砂岩岩心，我们在第一章中将 T_2 弛豫时间与孔喉半径对应，幅度较低的左峰可反映纳米级孔喉的流体分布，而幅度较高的右峰则可以反映微米级孔喉的特征。本次实验选择的人工岩心，通过计算压汞测试与 T_2 谱的转换系数 C 值，将 T_2 弛豫时间换算为孔喉半径 r；T_2 谱左侧纳米级孔喉区间一般为 10~1000nm，右侧微米级孔喉区间为 1~1000μm。

2. 沥青质含量计算

沥青质计算原理如图 3-4 所示，在实验前，先测试实验油样的沥青质含量；实验结束后，测定驱替装置出口油样的沥青质含量。通过实验前后的沥青质含量差，可通过公式(3-3)计算沥青质沉积量，即沥青质沉积百分比。通过对比沥青质沉积百分比，揭示 CO_2 驱过程中的不同实验条件对沥青质沉积量的影响。

$$W = \frac{A_1 - A_2}{A_1} \times 100\% \tag{3-3}$$

式中　W——沥青质沉积量，%；

A_1——初始原油沥青质含量，%；

A_2——实验后原油沥青质含量，%。

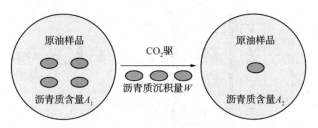

图 3-4　沥青质沉积量计算示意图

二、实验材料

为消除 CO_2 驱 CO_2-孔喉的相互作用对储层孔喉结构造成的影响，本次实验岩心采用石英砂环氧树脂胶结人造岩心，岩心参数详见表 3-2。实验原油样品采用姬塬油田长 8 油藏原油，密度为 760kg/m³。在油藏温度 80℃，地层压力 15MPa 时原油黏度为 1.6mPa·s，按照体积 3:1 配制实验用油，黏度为 5.6mPa·s；经细管实验测得油样与 CO_2 的最小混相压力为 21.6MPa，油样沥青质含量为 1.15%（质量分数）。实验用盐水为根据姬塬油田长 8 油藏实际水质监测数据配制的模拟地层水，矿化度为 10000mg/L，水型为 $CaCl_2$ 型；实验用 CO_2 气体纯度为 99.9%。

表 3-2　人造岩心参数表

编　号	A1	A2	A3	A4	A5	A6	A7	A8
长度/mm	200.2	200.0	200.1	200.5	199.2	199.9	200.3	200.0
直径/mm	25.1	25.0	24.9	24.7	25.0	25.0	25.1	25.4
孔隙度/%	4.8	4.5	4.6	4.5	4.4	4.5	4.8	4.7
渗透率/$10^{-3}\mu m^2$	0.22	0.21	0.22	0.22	0.22	0.21	0.22	0.22
注入压力/MPa	4.6	7.2	8.5	15.2	20.7	23.2	25.5	35.2
转换系数 C	1.08	1.27	1.35	1.02	1.14	1.17	1.22	1.28

三、实验设备

实验的主要部分是在西部低渗-特低渗油藏开发与治理教育部工程研究中心内完成，实验过程中所用的仪器设备流程图、驱替设备图和核磁共振设备如图 3-5~图 3-7 所示。

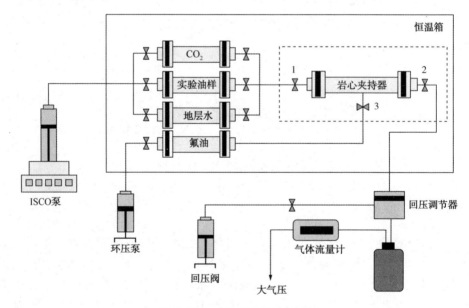

图 3-5　CO_2 驱实验装置示意图

驱替泵为美国 Teledyne Isco 公司生产 260D 型高压计量泵，压力范围为 0~51.7MPa，双泵体，每个泵体容积为 103mL，连续流动流速范围为 0.001~

第三章 沥青质沉积效应

图3-6 CO$_2$驱实验设备图

80mL/min，其计量尺度精确，可实现连续注入，在实验中主要用来向岩心中注入模拟地层水、锰水、原油和CO$_2$等。恒温箱为中国南通华兴石油仪器有限公司制造，最高设定温度为150℃，本次实验采用姬塬油田长8油藏温度80℃。实验采用四个中间容器，分别装盛CO$_2$、原油样品、地层水、锰水，承压范围为0~50MPa，耐温300℃。岩心夹持器由中国南通华兴石油仪器有限公司制造，长度30cm，耐压50.0MPa；夹持器与岩心中间为一个聚四氟乙烯橡胶筒，可置入岩心直径范围为2.5~3.5cm。实验环压由手摇泵控制，由华兴石油仪器有限公司制造，压力范围为0~50.0MPa。驱替装置末端使用的回压阀为美国Coretest Systems公司生产，最大可控制压力为51MPa；控制回压是本次驱替实验的技术难点也是技术重点，设定回压可以使岩心内部压力在大于设定压力值的条件下才有气液流出，这样可以保证驱替压力，同时能稳定CO$_2$驱替前缘，避免发生气窜。

核磁共振仪由上海纽迈电子科技有限公司制造，如图3-7所示，型号为Mini-MR。该仪器是本次实验中微米、纳米孔喉系统伤害程度定量评价部分的主要工具，通过在实验过程中不断采集核磁共振T_2谱，可确定CO$_2$驱替前后的流体分布，进而确定沥青质沉积堵塞孔喉的位置。核磁共振仪器的磁场强度为0.5T，射频脉冲频率范围为1~30MHz，射频频率控制精度为0.01MHz。装置的参数设置如下，T_e（回波时间）为0.27ms；T_w（等待时间），4000ms；N_{ech}（回波个数）为6000；N_s（扫描次数）64次；脉宽分为90°脉宽（P_1=22）和180°脉宽（P_2=40）。为了测试结果精确、可靠，在每次测试之前需要校准核磁共振装置，一般认为仪器精度能够检测到10mg水膜的T_2信号，则校准成功。

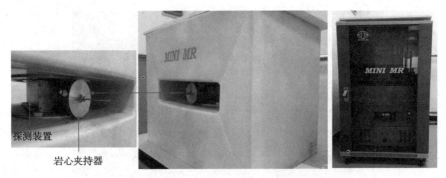

图 3-7 核磁共振设备图

四、实验步骤

（1）在驱替实验前，对人造岩心样品进行筛选、分类、编号。由于是人工制备的岩心，可以对岩心进行简单清洗后置于恒温箱，在100℃下烘干8h。

（2）清洗结束后对岩心样品进行渗透率测试，具体测试结果见表3-2。测试结束后，在80℃下对岩样进行烘干24h。

（3）将实验岩心置于模拟地层水中，地层水液面覆盖岩心顶部，利用真空泵抽真空48h，使实验岩心充分饱和模拟地层水。根据岩心样品饱和前后的重量差计算岩心孔隙度。

（4）对饱和后地层水的岩心进行核磁共振T_2谱采样。

（5）配制浓度为15000mg/L的Mn^{2+}溶液（锰水），将锰水以0.05mL/min恒定流量注入岩心中，驱替模拟地层水，注入量为3~4PV；岩心夹持器围压设定为35MPa。

（6）对锰水驱替的岩心样品进行核磁共振T_2谱采样，观察水信号消除效果。

（7）将实验油样以0.05mL/min恒定流量注入岩心中，驱替地层水（锰水）至岩心出口产出液的含油量为100%，以建立原始地层的油水分布模型。

（8）对完成饱和原油的岩心样品进行核磁共振T_2谱采样。

（9）将CO_2以0.5mL/min速度注入岩心中，控制回压阀来稳定注入压力，以4.6MPa、7.2MPa、8.5MPa、15.2MPa、20.7MPa、23.2MPa、25.5MPa、35.2MPa分别恒压驱替岩心样品，在CO_2注入量为5PV时，结束驱替。

（10）对完成CO_2驱的岩心样品进行T_2谱采样，观察油水分布特征。

（11）计量CO_2驱结束后岩心末端排出的油样和气样，计量气体流量。测量驱出油样的沥青质含量，与油样初始沥青质含量进行对比，计算沥青质沉积量。

(12)用石油醚和苯对完成 CO_2 驱替实验的岩心样品进行洗油 120h,洗油结束后在 80℃下对岩样烘干 24h。重复步骤(3)~(8),对比首次饱和实验油样和二次实验油样的 T_2 谱差异,分析孔喉结构变化特征,定量评价孔喉系统堵塞程度。

第三节 孔喉堵塞程度分析

本次实验通过核磁共振技术,在驱替实验前、后分别监测了岩心内流体的 T_2 谱,通过对比 T_2 谱的幅度差值,定量计算孔喉系统在沥青质沉积过程中的堵塞程度。实验中,8 块岩心分别在不同的 CO_2 注入压力下完成驱替,其压力范围涵盖了非混相驱、近混相驱和混相驱三种驱替状态。在这个过程中,通过 NMR 技术定量评价了致密砂岩岩心中微米孔喉(1~1000μm)及纳米孔喉(10~1000nm)在 CO_2 驱各个阶段的沥青质堵塞程度,明确了致密岩心渗透率伤害的机理。

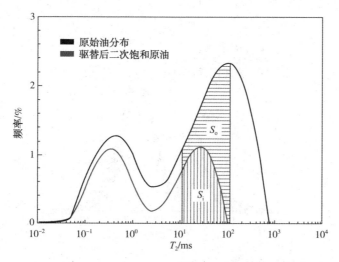

图 3-8 孔径分布为 $10~10^2$ ms 区间内孔喉堵塞程度计算示意图

如图 3-8 是确定孔径为 $10~10^2$ ms 的孔喉堵塞程度计算方法示意图。假设半径为 $10~10^2$ ms 的孔喉中初始饱和原油量由 (S_o+S_i) 表示,该区域在经过 CO_2 驱替以后再次饱和油量由 S_i 表示,通过对比实验前后饱和原油 T_2 谱的频率面积差值,可计算沥青质对孔喉的堵塞率 b:

$$b = \frac{S_o}{S_o + S_i} \times 100\% \tag{3-4}$$

式中　b——孔喉堵塞率，%；

　　　S_o——初始饱和油量与二次饱和油量 T_2 谱频率面积差；S_i 二次饱和油量 T_2 谱频率面积。

在非混相驱阶段，沥青质沉积量较小，微米级孔喉（1～1000μm）及纳米孔喉（10～1000nm）的堵塞程度均较低。从表 3-3 可知，在注入压力为 4.6MPa 时，微米孔喉中的原油被驱出的量较多，而纳米孔喉中驱出的油量很少。二次饱和原油分布 T_2 谱幅度较原始油 T_2 谱幅度变化较小，说明此时只有很少量沥青质沉积物产生，孔喉结构基本正常，前后饱和油量差别较小。但是，二次饱和油量对比原始油饱和量还是有差别，因此，认为在 4.6MPa 时已出现沥青质沉积，只是沉积量较小，对孔喉堵塞程度低。在 4.5MPa 驱替结束时，将微米级孔喉堵塞了 4.50%，纳米级孔喉堵塞 4.25%。

表 3-3　CO_2 驱注入压力 4.5MPa 时孔喉堵塞程度计算表

实验岩心	人造岩心 A1	注入压力	4.5MPa

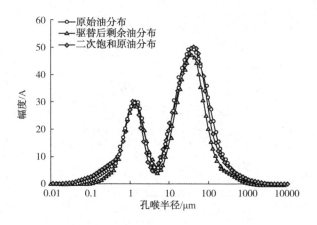

孔喉尺度	纳米级孔喉	微米级孔喉
孔喉半径	10～1000nm	1～1000μm
原始覆盖面积 S_o	4755.52	11700.01
二次覆盖面积 S_i	4552.51	11623.51
孔喉堵塞率 b	4.26%	4.50%

第三章 沥青质沉积效应

当注入压力达到 7.2MPa 时，CO_2 进入超临界状态，从表 3-4 中可以明显发现在驱替结束后，剩余油 T_2 谱幅度下降明显，说明超临界 CO_2 在原油中的溶解能力更强，在大量溶解于原油后可以降低原油黏度，降低界面张力，使原油更容易被驱替。但是，随着注入压力的增大和 CO_2 溶解量的增加，沥青质沉积量也会增长。

观察二次饱和原油 T_2 谱分布图可以看出，不论是微米级孔喉（0.85~1000μm）还是纳米级孔喉（10~850nm），其二次饱和原油的 T_2 谱出现一定幅度降低。纳米级孔喉原始油分布 T_2 谱下覆面积在 2333.42，而二次饱和煤油的 T_2 谱下覆面积为 2022.54，通过该数值计算的堵塞率在 13.32%；而微米级孔喉的 T_2 谱下覆面积 13503.60，二次饱和煤油的 T_2 谱下覆面积为 12603.59，计算堵塞率为 10.17%。相比 4.6MPa，两类孔喉的堵塞程度明显增加，主要由于在较高注入压力下，沥青质沉积量上升，更容易对孔喉形成堵塞，造成二次饱和油量下降。

表 3-4 CO_2 驱注入压力 7.2MPa 时孔喉堵塞程度计算表

实验岩心	人造岩心 A2	注入压力	7.2MPa

孔喉尺度	纳米级孔喉	微米级孔喉
孔喉半径	10~850nm	0.85~1000μm
原始覆盖面积 S_o	2333.42	13503.60
二次覆盖面积 S_i	2022.45	12063.59
孔喉堵塞率 b	13.32%	10.71%

表 3-5 CO_2 驱注入压力 8.5MPa 时孔喉堵塞程度计算表

实验岩心	人造岩心 A3	注入压力	8.5MPa

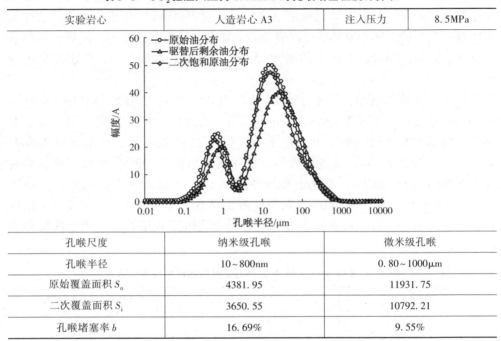

孔喉尺度	纳米级孔喉	微米级孔喉
孔喉半径	10~800nm	0.80~1000μm
原始覆盖面积 S_o	4381.95	11931.75
二次覆盖面积 S_i	3650.55	10792.21
孔喉堵塞率 b	16.69%	9.55%

表 3-6 CO_2 驱注入压力 15.2MPa 时孔喉堵塞程度计算表

实验岩心	人造岩心 A4	注入压力	15.2MPa

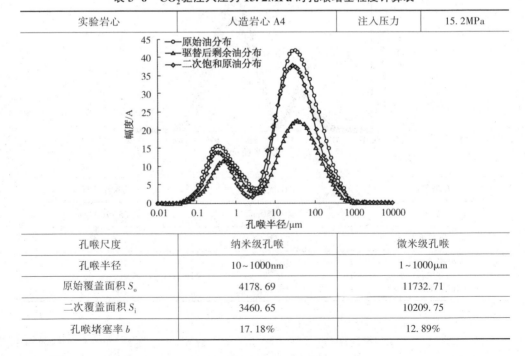

孔喉尺度	纳米级孔喉	微米级孔喉
孔喉半径	10~1000nm	1~1000μm
原始覆盖面积 S_o	4178.69	11732.71
二次覆盖面积 S_i	3460.65	10209.75
孔喉堵塞率 b	17.18%	12.89%

如表3-5和表3-6所示，随着注入压力的增加，无论是微米级孔喉还是纳米级孔喉，越来越多的原油被CO_2驱替，剩余油幅度下降明显，原油采收率进一步提升。在注入压力从8.5MPa到15.2MPa的过程中，沥青质的沉积量会逐步上升，同时孔喉的堵塞程度也在逐渐加剧。注入压力为8.5MPa时，纳米级孔喉（10~800nm）原始油分布T_2谱下覆面积在4381.95，二次饱和煤油的T_2谱下覆面积为3650.55，计算堵塞率在16.69%，此时微米级孔喉（0.8~1000μm）堵塞未出现明显上升。当注入压力为15.2MPa时，微米级孔喉和纳米级孔喉的堵塞程度分别为17.18%和12.89%。

如表3-7所示，当注入压力达到20.7MPa时，CO_2-原油体系已进入近混相驱，此时CO_2在原油中的溶解度显著增强，溶解量增加。可以看出，在该压力下的剩余油量较15.2MPa时下降幅度较大，有大量原油从孔喉中被驱替出来。从二次饱和T_2谱曲线的幅度变化可以看出，在进入近混相驱以后，纳米级孔喉（10~1000nm）的二次饱和原油量下降，而微米级孔喉（1~1000μm）的二次饱和量较15.2MPa时变化不大，这说明在沥青质沉积量增加的情况下，纳米孔喉受到的影响严重，由于其孔喉尺度较小，大量的沥青质会封堵喉道及部分孔隙，导致二次饱和时原油无法进入。定量计算结果显示，纳米孔喉的堵塞率已达43.21%，微米孔喉的堵塞程度与非混相驱相比变化不大。

表3-7 CO_2驱注入压力20.7MPa时孔喉堵塞程度计算表

实验岩心	人造岩心A5	注入压力	20.7MPa
孔喉尺度	纳米级孔喉		微米级孔喉
孔喉半径	10~1000nm		1~1000μm
原始覆盖面积S_o	4683.75		12081.45
二次覆盖面积S_i	2659.81		10194.29
孔喉堵塞率b	43.21%		15.62%

进入混相驱以后，如表3-8~表3-10所示，原油采收率和沥青质沉积量进一步增加，通过对比可以看出，从近混相驱开始二次饱和原油T_2谱频率在纳米级孔喉(10~1000nm)降低幅度增加，反映了二次饱和油量开始在纳米级孔喉中出现下降；近混相驱及混相驱时，CO_2在原油中充分溶解，降低原油黏度，降低表面张力等CO_2驱的优势在此时充分显现，进而更多的CO_2进入小孔喉驱油并产生沥青质沉积，堵塞了一部分小孔喉，导致二次饱和油量明显降低。继续增大注入压力至25.5MPa、35.2MPa，此时岩心二次饱和油量继续降低，尤其是在小孔隙中更加明显，注入压力越大，沥青质沉积量越多，孔隙堵塞越明显。

表3-8　CO_2驱注入压力23.2MPa时孔喉堵塞程度计算表

实验岩心	人造岩心A6	注入压力	23.2MPa

孔喉尺度	纳米级孔喉	微米级孔喉
孔喉半径	10~1000nm	1~1000μm
原始覆盖面积S_o	1810.50	12349.05
二次覆盖面积S_i	812.25	9931.05
孔喉堵塞率b	55.13%	19.58%

表3-8是注入压力23.2MPa时的孔喉堵塞率T_2谱，其二次饱和原油的T_2谱出现一定幅度降低。纳米级孔喉(10~1000nm)原始油分布T_2谱下覆面积为1810.50，而二次饱和煤油的T_2谱下覆面积为812.25，堵塞率已达到55.13%；微米级孔喉(1~1000μm)的T_2谱下覆面积为12349.05，二次饱和煤油的T_2谱下覆面积为9931.05，计算堵塞率为19.58%。

表 3-9　CO_2 驱注入压力 25.5MPa 时孔喉堵塞程度计算表

实验岩心	人造岩心 A7	注入压力	25.5MPa

图例：原始油分布、驱替后剩余油分布、二次饱和原油分布
横坐标：孔喉半径/μm，纵坐标：幅度/A

孔喉尺度	纳米级孔喉	微米级孔喉
孔喉半径	10~900nm	0.9~1000μm
原始覆盖面积 S_o	2118.75	12643.20
二次覆盖面积 S_i	708.21	8439.31
孔喉堵塞率 b	66.58%	33.25%

表 3-10　CO_2 驱注入压力 35.2MPa 时孔喉堵塞程度计算表

实验岩心	人造岩心 A8	注入压力	35.2MPa

图例：原始油分布、驱替后剩余油分布、二次饱和原油分布
横坐标：孔喉半径/μm，纵坐标：幅度/A

孔喉尺度	纳米级孔喉	微米级孔喉
孔喉半径	10~900nm	0.9~1000μm
原始覆盖面积 S_o	4522.80	13298.85
二次覆盖面积 S_i	1251.91	8153.39
孔喉堵塞率 b	72.32%	38.69%

表 3-9 和表 3-10 是注入压力 25.5MPa 和 35.2MPa 时的孔喉堵塞率 T_2 谱,随着注入压力的进一步上升,纳米级孔喉(10~900nm)二次饱和油量降幅增大,通过计算得到纳米级孔喉的堵塞率已达到 66.58% 和 72.32%,而微米级孔喉(0.9~1000μm)的堵塞率也出现了大幅增加。在 35.2MPa 时,微米级孔喉(0.9~1000μm)T_2 谱下覆面积为 13298.85,二次饱和煤油的 T_2 谱下覆面积为 8153.39,计算堵塞率已经达到 38.69%。

通过上述定量计算,得到沥青质对不同半径孔喉的堵塞率,见表 3-11。在非混相驱阶段,纳米级孔喉(10~1000nm)和微米级孔喉(1~1000μm)的堵塞程度较低。纳米级孔喉的堵塞率为 4.26%~17.18%,平均堵塞率为 12.86%;微米级孔喉的堵塞率为 4.50%~12.89%,平均堵塞率为 9.41%。在进入近混相驱后,孔喉的堵塞程度有大幅加剧,特别是纳米级孔喉,在 20.7MPa 的注入压力下,纳米级孔喉(10~1000nm)的堵塞率达到 43.21%,较 15.2MPa 时增加了近 27%;而微米级孔喉的增加幅度不大,堵塞率为 15.62%。在注入压力到达最小混相压力时,沥青质大量沉积,纳米级孔喉的堵塞程度更加严重,达到 55.13%。随着注入压力继续增加至 35.2MPa,纳米级孔喉和微米级孔喉中的堵塞率同时增加,在驱替结束时,纳米级孔喉最终被堵塞 72.32%,微米级孔喉被堵塞 38.69%。可以看出,对于致密储层而言,基质孔喉尺度越小,沥青质对其伤害程度就越高;而基质孔喉尺度越大,可吸收沥青质沉积伤害的能力就越强。

表 3-11 不同注入压力下孔喉堵塞率

岩心编号	注入压力/MPa	孔喉堵塞率/%	
		纳米级	微米级
A1	4.6	4.26	4.50
A2	7.2	13.32	10.71
A3	8.5	16.69	9.55
A4	15.2	17.18	12.89
A5	20.7	43.21	15.62
A6	23.2	55.13	19.58
A7	25.5	66.58	33.25
A8	35.2	72.32	38.69

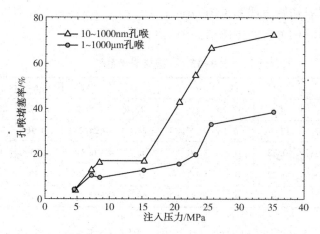

图 3-9　孔喉堵塞率随注入压力变化曲线

如图 3-9 所示，在注入压力增加的过程中，孔喉堵塞率呈现整体上升的趋势，其中灰色曲线纳米级孔喉（10~1000nm）的堵塞率上升幅度大，增速较高，并且始终高于微米级孔喉（1~1000μm）的堵塞率；而微米级孔喉的堵塞率增加幅度较低，增速慢。注入压力是影响孔喉堵塞率的一个重要因素，在注入压力增加的情况下，CO_2 在原油中的溶解度增加，沥青质沉积量也随之增大，随之大量的沥青质颗粒会堵塞孔喉，且更容易堵塞在尺度较小的纳米级孔喉。

第四节　渗透率变化规律

本次研究为进行沥青质沉淀量的影响因素分析，在 CO_2 室内驱替实验中设计了多组对比实验，分别评价了温度、压力、CO_2 注入速度、CO_2 注入量、油样沥青质含量、岩心渗透率 6 个参数对沥青质沉积量的影响。

CO_2 驱沥青质沉积对储层孔喉结构及物性有明显的伤害效应，其中对岩心渗透率的伤害尤为严重。因此，评价岩心渗透率伤害程度对 CO_2 驱现场应用有一定的指导意义。

为定量计算 CO_2 驱过程中岩心渗透率的伤害率，我们在实验之前和实验结束后分别测定了岩心的渗透率。各注入压力下渗透率及其伤害率见表 3-12，我们将岩心渗透率伤害率定义为：

$$d = \frac{K_0 - K_1}{K_0} \times 100\% \tag{3-5}$$

式中　d——沥青质沉积对岩心渗透率伤害率，%；

K_0——岩心初始渗透率，$10^{-3}\mu m^2$；

K_1——岩心伤害后的渗透率，$10^{-3}\mu m^2$。

表 3-12 人造岩心参数表

岩心编号	A1	A2	A3	A4	A5	A6	A7	A8
注入压力/MPa	4.6	7.2	8.5	15.2	20.7	23.2	25.5	35.2
沥青质沉积量/%	12.56	15.18	17.33	22.23	24.23	30.91	33.15	36.26
原始渗透率/$10^{-3}\mu m^2$	0.22	0.21	0.22	0.22	0.22	0.21	0.22	0.22
最终渗透率/$10^{-3}\mu m^2$	0.22	0.19	0.19	0.18	0.16	0.13	0.13	0.12
渗透率伤害率/%	0	9.09	13.63	18.18	27.27	36.36	40.91	45.45

通过对本次实验结果数据的分析发现，岩心渗透率的变化与沥青质沉积量直接相关，其斜率变化基本一致。在对 8 块岩心进行不同注入压力的驱替之后，分别测试了出口原油的沥青质含量和岩心的气测渗透率。在注入压力为 4.6MPa 时，出口原油的沥青质含量相比原始油样出现减小，沥青质沉积量为 12.56%，说明沥青质的最小沉积压力小于 4.6MPa。在注入压力为 7.2MPa 时，CO_2 达到超临界状态，其与原油溶解量增加，此时的沥青质沉积量达到 15.18%。从图 3-10 可以看出，在注入压力为 20.7~23.2MPa 期间，沥青质的沉积量相比前阶段出现明显增加，曲线出现"陡坡"式增长，在 23.2MPa 时沉积量达到 30.91%。这是由于注入压力大于最小混相压力附近，实验进入 CO_2 混相驱阶段，CO_2 大量溶解于原油导致了更多的沥青质在岩石孔隙中沉积。当注入压力继续增大至 25.5MPa、35.2MPa 时，沥青质沉积稳定增加至 36.26%，但是沉积速度较 MMP 附近变慢，增长曲线平缓。

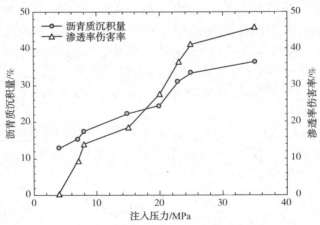

图 3-10 沥青质沉积比率及渗透率伤害率曲线

同样，我们发现渗透率伤害率曲线与沥青质沉积曲线幅度一致。首先，在非混相驱阶段 4.6~15.2MPa，由于沥青质在此时的沉积量稳定增加，所以对应的岩心渗透率持续稳定下降，如表 3-12 所示，其降幅最大为 18.18%；当驱替压力达到 20.7MPa，接近最小混相压力时，渗透率伤害率达到 27.27%，下降速度变快，降幅曲线斜率增加，主要由于在近混相及混相驱过程中产生的大量沥青质沉积对储层孔隙产生较为严重的堵塞作用，从而引起渗透率大幅下降。当注入压力高于最小混相压力，达到 23.2MPa 时，渗透率随着沥青质的沉积堵塞继续降低至 36.36%；此后，相比近混相及混相驱阶段，沥青质沉积速度变慢，沉积量稳定上升，因此，渗透率下降速度变慢，降幅曲线斜率变缓，实验结束时比驱替之前下降了 36.26%。

第五节　采收率变化规律

如图 3-11 所示，为采收率与 CO_2 注入压力的关系曲线，从注入压力方面分析来看，原油采收率与 CO_2 的注入压力成正比，随着注入压力升高，采收率整体呈上升趋势。采收率上升阶段大致可以分为非混相驱阶段和混相驱阶段。在非混相驱阶段，CO_2 随着注入压力的增加，在原油中的溶解度随之增大，大量 CO_2 溶于原油后，更容易将原油驱替，采收率在该阶段的幅度较陡，说明采收率增速较快；在注入压力即将达到最小混相压力时，驱替进入近混相驱阶段，此时采收率的增加速度依旧较快。但是，随着 CO_2 注入压力达到最小混相压力，驱替进入混相驱阶段，采收率曲线幅度逐渐趋于平缓，增速变慢，通过实验数据来看，此时已基本达到 CO_2 驱的采收率极限。

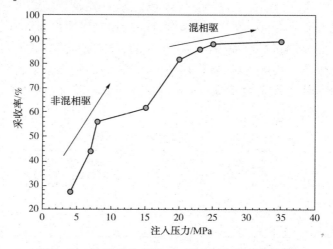

图 3-11　最终采收率随 CO_2 注入压力的变化曲线

如图3-12所示，通过实验结果参数分析，在CO_2注入量在0~4PV时，原油采收率的上升速度很快；在注入量达到4PV后，采收率增速放缓，整体趋于稳定。初始阶段注入压力在4.6MPa时，采收率较低，注入量在7PV时仅有27.35%；随着CO_2进入超临界状态，采收率增长幅度明显，7.2MPa时的采收率可以达到44.05%。在进入近混相驱时(20.7MPa)，CO_2在原油中的溶解度增大，CO_2驱替效率提升，原油采收率为81.65%，相比15.2MPa时高出将近20%。注入压力超过最小混相压力21.6MPa后，CO_2与原油实现混相，此时的采收率基本达到了极值，注入压力继续增加时，采收率增加幅度已非常小。最终在注入压力为35.2MPa时，采收率为89.12%。

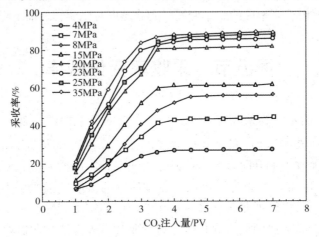

图3-12 采收率随CO_2注入量的变化曲线

为进一步明确沥青质沉积对采收率的影响机理，另外添加一组对比实验，通过选择不同沥青质含量的原油样品，控制CO_2过程中的沥青质沉积量，来确定沥青质沉积量对CO_2驱原油采收率的影响程度。增加安塞油田沥青质含量为0.71%和1.68%(质量分数)的两种原油样品进行实验，原油物性参数见表3-13。实验岩心为三块孔隙结构及物性基本相同的人造岩心，具体信息见表3-14，实验温度为80℃，注入压力设定为15MPa。在驱替过程中，每当CO_2注入量达到0.5PV时，进行1次采收率计算。

表3-13 实验油样物性参数

油样编号	来源	层位	80℃时的原油黏度/mPa·s	原油密度/g·cm^{-3}	沥青质含量/%
1	安塞油田	长6	2.2	0.841	0.71
2	姬塬油田	长6	1.9	0.762	1.15
3	安塞油田	长6	2.1	0.855	1.68

第三章 沥青质沉积效应

表 3-14 岩心样品参数及实验条件

岩心编号	油样编号	长度/mm	直径/mm	孔隙度/%	渗透率/$10^{-3}\mu m^2$	注入压力/MPa	驱替压差/MPa
A15	1	10.05	25.0	2.68	0.22	15	2
A16	2	10.01	25.1	2.85	0.22	15	2
A17	3	10.08	25.0	2.73	0.22	15	2

实验结果如图 3-13 所示，A15 号岩心的最终采收率最高，达到 65.08%，随着注入压力的降低，采收率依次降低，A16 号岩心为 60.09%，而 A17 号岩心的采收率最低，只有 56.12%；由于三块岩心均为人造岩心，其物性差别非常小，且实验条件完全一致，因此，沥青质沉淀是最终采收率出现差异的唯一原因。A15 号岩心所用油样的沥青质含量最低，沉淀量有限，所以对采收率的影响较小，而 A17 号岩心所用油样的沥青质含量是 A15 号岩心的 2.36 倍，沥青质沉积量明显高于其他两组实验，因此其采收率是 3 组实验中最低的。同时发现，A15 号岩心和 A16 号岩心在 CO_2 注入量为 2PV 附近时，采收率曲线开始趋于平缓，并接近最大采收率；而 A17 号岩心在 3PV 时曲线幅度才开始下降，这表明沥青质沉积量不仅影响最终采收率值，同时也影响了 CO_2 驱的驱替效率。

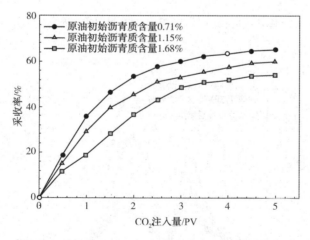

图 3-13 不同沥青质含量的原油样品最终采收率与 CO_2 注入量关系曲线

图 3-14～图 3-16 为 A15～A17 号岩心的原始油分布及分别在 1PV、3PV 和 5PV 时的剩余油分布 T_2 谱。在微米级孔喉（2～200μm）中，CO_2 注入量 1PV 时，

三块岩心中的剩余油量较大，说明此时的采收率还比较低；在注入量为3PV时，剩余油量出现明显下降，大部分原油已被采出；在5PV附近，虽然剩余油量还有下降，但是相比3PV时其剩余油量变化很小。通过该现象再次验证了图3-13的采收率曲线规律，即三块岩心的采收率在2~3PV附近接近最大采收率，3~5PV时虽然采收率还有升高，但是其上升幅度已非常小。同时，发现三块岩心的微米级孔喉(2~200μm)在不同驱替阶段(注入量)的剩余油分布特征基本一致，这说明沥青质沉淀对致密砂岩微米孔喉中的原油驱替效果及采收率基本没有影响。

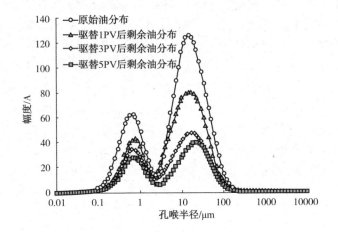

图3-14　A15号岩心原始油及剩余油分布特征

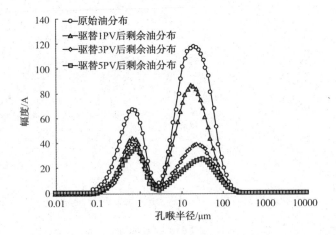

图3-15　A16号岩心原始油及剩余油分布特征曲线

但是,在纳米级孔喉(100~2000nm)中,A15~A17号岩心在不同驱替阶段(注入量)的剩余油分布却出现了明显的差异。从图3-14可以看出,A15号岩心的纳米级孔喉在CO_2注入量为1PV、3PV和5PV时,剩余油量出现不同程度的下降,且其下降幅度基本相同,与微米级孔喉相比,在注入量为1PV到3PV时,纳米级孔喉的采收率未出现明显升高。该现象主要由两个原因造成:一是由于致密砂岩孔喉尺度小,原油流动需要克服黏滞阻力和来自边界层内固液界面的相互作用,在纳米孔喉中这种流动阻力表现得更为明显,导致在同样条件下,纳米孔喉的采收率低于微米孔喉。另外一个重要因素就是沥青质沉积,虽然A15号岩心的沥青质含量最低,但是沉积的沥青质对纳米孔喉还是存在一定的堵塞作用;随着CO_2注入量的增加,沥青质沉积量增大,对纳米孔喉产生堵塞效应,导致纳米孔喉的一部分原油难以被驱替出来,最终影响其采收率。

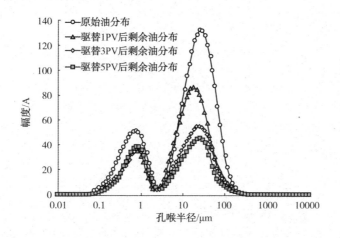

图3-16 A17号岩心原始油及剩余油分布特征曲线

如图3-15所示,A16号岩心在纳米级孔喉的剩余油分布特征不同于A15号岩心,主要区别在于其1PV、3PV和5PV的剩余油量更加接近,表明在1PV以后,A16号岩心的纳米级孔喉只有很少的原油被驱出。A16号岩心的沥青质沉淀量是A15号岩心的1.65倍,不难看出,更多的沥青质沉积是导致A16号岩心纳米孔喉采收率低的主要原因。图3-16为A17号岩心的剩余油分布特征曲线,在CO_2注入量为1~5PV时,纳米级孔喉中的剩余油基本没有发生变化,1PV、3PV和5PV的剩余油分布曲线大部分重合,表明几乎没有原油被采出。A17号岩心沥青质沉淀量是A15号岩心的2.3倍,随着CO_2注入量的增加,沥青质大量沉淀,导致在1PV以后,小孔基本被堵塞,虽然A17号岩心的整体原油采收率在1PV之后继续升高(图3-15),但基本都是微米级孔喉采收率提高所做的贡献。

综上所述，在致密砂岩 CO_2 驱过程中，沥青质沉淀对采收率的影响机理主要是其降低了纳米孔喉的原油采收率。从实验结果来看，原油沥青质含量越大的岩心，在 CO_2 注入量增加以后，其沉淀量越大，进而导致纳米级孔喉（100～2000nm）的部分剩余油被封堵而无法采出，降低了小孔的采收率，最终影响其整体采收率。

第四章

矿物溶蚀效应

第四章 矿物溶蚀效应

关于 CO_2-孔喉相互作用对储层伤害研究，仅停留于宏观实验研究，主要是通过对比驱替前后的渗透率降低值来分析储层伤害程度，缺乏从微观角度对储层伤害机理的研究以及对不同尺度孔喉堵塞程度的定量评价。针对现有研究的不足，我们采用饱和煤油（排除原油沥青质沉淀对实验结果的干扰）的特低渗砂岩岩心进行 CO_2 驱替实验，通过全岩 X 衍射分析及地层水离子测试，明确可能发生 CO_2-孔喉相互作用的矿物成分。同时，基于核磁共振技术测定、计算实验前后岩心饱和流体 T_2 谱分布及频率面积差，定量评价 CO_2-孔喉相互作用对不同半径孔喉的堵塞程度，明确岩心渗透率降低的微观机理。

第一节 物理流动模拟实验

一、实验材料

本次岩心分析共选取了 39 块天然岩心样品，均取自鄂尔多斯盆地长庆姬塬油田黄 3 区块，取心深度范围在 2553.37～2612.19m，属三叠系延长组长 8 层段致密砂岩，下文中相关岩心的物性、孔喉结构等特征参数均来源于该 39 块岩心样品，如图 4-1 所示。

图 4-1 部分天然岩心照片

实验岩心采用姬塬油田长 8 油藏真实致密砂岩岩心，岩心信息详见表 4-1。实验油样采用饱和煤油替代真实原油样品，以排除 CO_2 驱沥青质沉积对实验结果造成的干扰。实验用盐水为根据取心层位油藏水质监测数据配制的模拟地层水,矿化度为10000mg/L,水型为$CaCl_2$型;实验用CO_2气体纯度为99.9%。

表4-1 岩心信息及驱替实验条件

岩心编号	长度/cm	直径/cm	孔隙度/%	渗透率/$10^{-3}\mu m^2$	注入压力/MPa	反应时间/h	转换系数 C
N1	6.33	2.51	6.05	0.28	4.6	60	1.59
N2	5.45	2.50	4.38	0.22	7.2	60	1.42
N3	5.12	2.52	7.12	0.27	20.7	60	1.55
N4	5.89	2.52	3.91	0.19	23.2	60	1.70
N5	6.01	2.50	6.69	0.23	35.2	60	1.30
N6	6.21	2.51	9.28	0.27	4.6	120	1.41
N7	5.59	2.50	9.05	0.25	7.2	120	1.62
N8	5.88	2.49	8.31	0.21	20.7	120	1.51
N9	6.03	2.50	7.45	0.22	23.2	120	1.55
N10	6.01	2.51	6.03	0.24	35.2	120	1.60

二、实验设备

CO_2-孔喉相互作用实验与沥青质沉积实验主要步骤相近,实验的主要设备为:驱替泵,美国Teledyne Isco公司生产的260D型高压计量泵;在实验中主要用来向岩心中注入模拟地层水、锰水、煤油和CO_2等。恒温箱为中国南通华兴石油仪器有限公司制造,最高设定温度为150℃,本次实验采用姬塬油田长8油藏实际温度80℃。实验配备四个中间容器,分别装盛CO_2、煤油样品、地层水、锰水,承压范围为0~50MPa,耐温300℃。岩心夹持器由中国南通华兴石油仪器有限公司制造,长度30cm,耐压50.0MPa,可置入岩心直径范围为2.5~3.5cm。实验环压由手摇泵控制,由华兴石油仪器有限公司制造,压力范围为0~50.0MPa。驱替装置末端使用的回压阀为美国Coretest Systems公司生产,最大可控制压力为51MPa;控制回压在实验中也非常重要,设定回压可以使岩心内部压力在大于设定压力值的条件下才有气液流出,不仅保证驱替压力,也能保证CO_2驱替效率,避免发生气窜。

核磁共振仪为上海纽迈电子科技有限公司制造的Mini-MR。仪器通过在实验过程中不断采集核磁共振T_2谱,可确定CO_2驱替前后的流体分布,进一步用来判断CO_2-孔喉相互作用是否对致密砂岩孔喉结构有堵塞伤害效应。核磁共振仪器的磁场强度为0.5T,射频脉冲频率范围为1~30MHz,射频频率控制精度为

0.01MHz。装置的参数设置如下：T_e（回波时间）为 0.27ms；T_w（等待时间），4000ms；N_{ech}（回波个数）为 6000；N_s（扫描次数）64 次；脉宽分为 90°脉宽（$P_1=22$）和 180°脉宽（$P_2=40$）。测试前，需要校准核磁共振装置，一般认为仪器精度能够检测到 10mg 水膜的 T_2 信号，则校准成功。

三、实验步骤

（1）实验前，对选取的天然岩心样品进行筛选、分类和编号。用石油醚和苯对岩心进行深度洗油操作，在 5MPa 和 80℃条件下，连续清洗 10d。清洗完成后将岩心置于恒温箱 24h，烘干温度 100℃。

（2）清洗结束后对岩心样品进行物性参数、全岩 X 衍射分析等测试。测试结束后，在 80℃下对岩样进行烘干 24h。

（3）根据油藏地层水组分配制模拟地层水（矿化度为 10000mg/L），化验分析 pH 值及离子含量。将实验岩心置于模拟地层水中，地层水液面覆盖岩心顶部，利用真空泵抽真空 48h，使实验岩心充分饱和模拟地层水。根据岩心样品饱和前后的重量差计算岩心孔隙度。

（4）对饱和后地层水的岩心进行核磁共振 T_2 谱采样。

（5）配制浓度为 15000mg/L 的 Mn^{2+} 溶液（锰水），将锰水以 0.05mL/min 恒定流量注入岩心中，驱替模拟地层水，注入量为 3~4PV；夹持器围压设定 35MPa。

（6）对完成锰水驱替的岩心进行核磁共振 T_2 谱采样，观察水信号消除效果。

（7）将实验煤油样品以 0.05mL/min 恒定流量注入岩心中，驱替地层水（锰水）至岩心出口产液含油 100%，以建立原始地层的油水分布模型。

（8）对完成饱和煤油的岩心样品进行核磁共振 T_2 谱采样。

（9）通过控制回压阀来稳定 CO_2 注入压力，驱替实验分为两组，以 4.6MPa、7.2MPa、20.7MPa、23.2MPa、35.2MPa 分别恒压驱替岩心样品，第一组驱替时间设定为 60h，第二组驱替时间设定为 120h。

（10）对完成 CO_2 驱的岩心样品进行 T_2 谱采样，观察油水分布特征。

（11）计量 CO_2 驱结束后岩心末端排出的油样和气样，化验分析产出液 pH 值及离子含量，与初始地层水离子含量进行对比。

（12）用石油醚和苯对完成 CO_2 驱替实验的岩心样品进行洗油 120h，洗油结束后在 80℃下对岩样烘干 24h。重复步骤（3）~（8），对比首次饱和实验油样和二次实验油样的 T_2 谱差异，分析孔喉结构变化特征，定量评价孔喉系统堵塞范围。

在 CO_2 驱替实验过程中，对驱替时间、CO_2 注入压力、CO_2 注入量、出口压力、驱替压差、产液量和产气量等参数进行实时监测、记录。给定注气速度情况下监测注入压力，前期不稳定，通过调节回压，使注入压力在中后期趋于稳定。

同时，不间断采集输入量数据，即注入气体的 PV 数。在注入压力和出口压力稳定的条件下，驱替压差基本保持在 2MPa 左右。在岩心夹持器出口端，放置气体流量计及计量装置监测出口气体流量及液体量。

第二节 孔喉堵塞程度分析

在 CO_2-孔喉相互作用之后，对 10 块天然岩心实验前后饱和煤油的 T_2 谱进行定量计算，确定在不同注入压力及反应时间条件下，100~1000nm 的纳米级孔喉和 1~100μm 的微米级孔喉堵塞程度。

N1 岩心取自 Y88-42 井，取心深度在 2985.19m，取心位置位于长 8_1 小层。物性分析得到岩心渗透率为 $0.28×10^{-3}\mu m^2$，孔隙度为 6.05%，在长 8 储层致密砂岩中属于中高渗岩心，物性较好。在 4.6MPa 的注入压力驱替岩心 60h 之后，定量计算了 N1 岩心在 CO_2-孔喉相互作用中的孔喉堵塞程度。

从 T_2 谱分布曲线可以看出，在驱替结束时，微米级孔喉（1~100μm）中的剩余油量有小幅度下降，而纳米级孔喉（100~1000nm）基本没有变化。较低的注入压力会导致 CO_2 在原油中的溶解度降低。其次，由于孔喉尺度小，驱油需要克服的阻力大，因此，在 4.6MPa 下的整体采收率较低。

在 CO_2 驱替结束后，对 N1 岩心进行了洗油、烘干操作，并在相同的实验条件下二次饱和煤油，图中的灰色曲线是二次饱和煤油分布曲线。可以看出，在 4.6MPa 的 CO_2 驱之后，CO_2-孔喉相互作用对孔喉有一定的堵塞效应，主要集中在纳米级孔喉（100~1000nm）范围内，其二次饱和油量出现小幅度下降。原始油分布 T_2 谱下覆面积为 1674.61，而二次饱和煤油的 T_2 谱下覆面积为 1581.24，通过该数值计算的堵塞率为 5.58%。而微米级孔喉（1~100μm）的原始油 T_2 谱分布与二次饱和煤油 T_2 谱分布基本无差别，通过计算其孔喉堵塞率为 1.25%，该数字较小，可能存在实验误差等原因，故认为微米级孔喉在该注入压力下无堵塞情况发生。以上通过 T_2 谱定量计算的孔喉堵塞率符合前期对孔喉结构特征的认识，一般最先发生堵塞的是孔径尺度较小的孔喉，CO_2-孔喉相互作用溶解、溶蚀产生的颗粒或脱落的黏土矿物会随着流体最先桥塞在小孔及喉道处，造成堵塞。

通过对 N1 岩心取样进行场发射扫描电镜和铸体薄片观察发现，该岩样中存在的纳米级孔隙类型主要为溶蚀孔隙，其孔径最小可达到 100nm。如表 4-2 中所示的纳米孔为纳米级钾长石碎屑的溶蚀孔。微米级的孔隙类型多样，主要为存在原生粒间孔及部分次生溶蚀孔，表中所示的微米孔为该样品中发现较多的微米级溶孔。

第四章 矿物溶蚀效应

表4-2 CO_2驱注入压力4.6MPa时孔喉堵塞程度计算表

实验岩心	N1	井　号	Y88-42
取心深度	2985.19m	实验温度	80℃
渗透率	$0.28\times10^{-3}\mu m^2$	注入压力	4.6MPa
孔隙度	6.05%	驱替状态	非混相驱
孔径转换系数	1.59	实验时间	60h

孔喉尺度	纳米级孔喉	微米级孔喉
孔喉半径	100~1000nm	1~100μm
原始覆盖面积 S_o	1674.61	9712.08
二次覆盖面积 S_i	1581.24	9590.76
孔喉堵塞率 b	5.58%	1.25%
孔隙类型	纳米级钾长石碎屑的溶蚀孔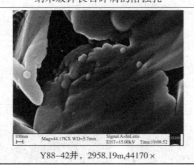Y88-42井，2958.19m，44170×	基质中的微米级溶孔Y88-42井，2958.19m，6300×

N2岩心取自Y29-100井，取心深度在2599.44m，取心位置位于长8_1小层。岩心渗透率为$0.22\times10^{-3}\mu m^2$，孔隙度为4.38%，在长8储层致密砂岩中渗透率级别属于中等偏上，但是孔隙度较低，物性一般。N2岩心的注入压力为7.2MPa，反应时间为60h，驱替状态为非混相驱替。

从表4-3中的剩余油分布情况来看，N2岩心的驱油效果要好于N1岩心，其剩余油分布曲线相比原始油分布有较明显的下降。在驱替结束时，微米级孔喉(1~

100μm)中的采出油量较高,而纳米级孔喉(100~1000nm)中的采收率与微米级孔喉基本一致。原油采收率的提高主要有两个因素:第一是因为在注入压力达到 7.2MPa 时,CO_2 进入超临界状态,其自身性质变化较大,在原油中的溶解度也进一步增强,有利于提高 CO_2 的驱油效率;另外,注入压力的提高也是原油采收率增加的另一个因素,较高的注入压力既有利于 CO_2 的溶解又增加了驱油动力。

表4-3 CO_2 驱注入压力 7.2MPa 时孔喉堵塞程度计算表

实验岩心	N2	井 号	Y29-100
取心深度	2599.44m	实验温度	80℃
渗透率	$0.22\times10^{-3}\mu m^2$	注入压力	7.2MPa
孔隙度	4.38%	驱替状态	非混相驱
孔径转换系数	1.42	反应时间	60h

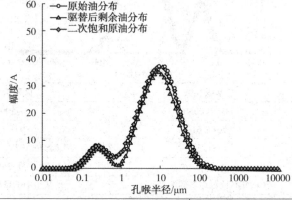

孔喉尺度	纳米级孔喉	微米级孔喉
孔喉半径	100~1000nm	1~100μm
原始覆盖面积 S_o	1505.16	9543.36
二次覆盖面积 S_i	1581.24	9517.80
孔喉堵塞率 b	6.43%	0.26%
	纳米级粒内溶孔	长石粒内溶孔
孔隙类型	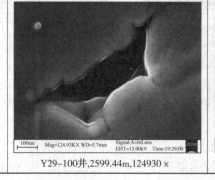 Y29-100井,2599.44m,124930×	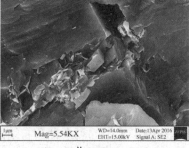 Y29-100井,2599.44m,5540×

第四章　矿物溶蚀效应

通常，较高的注入压力会提高 CO_2 的驱油效率，同时也会增加 CO_2-孔喉相互作用程度。从纳米级孔喉(100~1000nm)的二次饱和原油分布曲线来看，其相比原始油分布曲线的下降度与 N1 岩心基本一致，原始油分布 T_2 谱下覆面积为 1505.16，而二次饱和煤油的 T_2 谱下覆面积为 1408.37，通过该数值计算的堵塞率为 6.43%。而微米级孔喉(1~100μm)的原始油 T_2 谱分布与二次饱和煤油 T_2 谱分布基本无差别，通过计算其孔喉堵塞率为 0.26%，与 N1 岩心情况一致，该差异可能是由实验误差导致，因此认为微米级孔喉在 7.2MPa 注入压力下无堵塞情况发生。相比 N1 岩心大小孔喉的堵塞程度，N2 岩心堵塞程度跟 N1 岩心接近。

通过对 N2 岩心取样进行场发射扫描电镜和制作铸体薄片，镜下照片显示该岩样中存在的纳米级孔隙类型主要为纳米级粒内溶孔，其孔径最小可为 120nm。表 4-3 中所示的纳米孔为纳米级粒内溶孔。该样品中的纳米孔发育较少，多见微米级孔隙。表中所示的微米孔为长石粒内溶孔，是该样品中常见的孔隙类型，同时还存在大量粒间孔和粒间溶孔。

N3 岩心渗透率为 $0.27 \times 10^{-3} \mu m^2$，孔隙度为 7.12%，在长 8 储层致密砂岩中属于中高渗岩心，物性较好。N3 岩心的注入压力为 20.7MPa，该压力已接近最小混相压力 21.6MPa，此时该实验可借助煤油来模拟实际油藏中 CO_2 与原油形成的近混相驱替状态，驱替时间为 60h。

从 T_2 谱分布曲线可以看出，在驱替结束时，采收率相比前两块岩心有了较大的提升。其中微米级孔喉(1~100μm)中的剩余油量下降幅度较大，而纳米级孔喉(100~1000nm)中的采收率也有提高。因此可以认为，随着注入压力的升高，将有助于驱替致密砂岩储层纳米级孔喉中的原油，同时，在实际生产过程中，较高的 CO_2 注入压力及近混相的驱替状态有利于提高采收率，提高 CO_2 驱油效率。

在 CO_2 驱替结束后，对 N3 岩心进行了洗油、烘干操作，并在相同的实验条件下二次饱和煤油，图中的灰色曲线是二次饱和煤油分布曲线。通过对比可以看出，在 20.7MPa 的 CO_2 驱之后，CO_2-孔喉相互作用对纳米级孔喉(100~1000nm)的堵塞效应进一步增加，但是增加幅度有限。纳米级孔喉范围内，其二次饱和油量依旧出现小幅度下降态势。原始油分布 T_2 谱下覆面积为 3140.4，而二次饱和煤油的 T_2 谱下覆面积为 2900.76，通过该数值计算的堵塞率为 7.62%。而微米级孔喉(1~100μm)的原始油 T_2 谱分布与二次饱和煤油 T_2 谱分布在该压力下也出现了一些下降，通过计算得到孔喉堵塞率为 4.58%，该数值较前两块岩心的增加幅度明显，但是仍然不属于较高程度的堵塞。纳米级孔喉及微米级孔喉的堵塞程度整体说明注入压力对 CO_2-孔喉相互作用程度会有影响，但是影响程度不大，注入压力从 4.6MPa 增加到 20.7MPa，而堵塞程度的增加幅度非常有限。

如表 4-4 所示,通过对 N3 岩心取样进行场发射扫描电镜和铸体薄片观察发现,该岩样中存在的纳米级孔隙类型主要为次生溶蚀孔,其孔径最小可达到 80nm。表 4-4 中所示的纳米孔为沸石类矿物纳米级溶孔。微米级的孔隙多为粒间孔及长石溶蚀孔,表中所示的微米孔为该样品中较有代表性的长石粒内溶孔。

表 4-4 CO_2 驱注入压力 20.7MPa 时孔喉堵塞程度计算表

实验岩心	N3	井 号	Y28-99
取心深度	2613.66m	实验温度	80℃
渗透率	$0.27 \times 10^{-3} \mu m^2$	注入压力	20.7MPa
孔隙度	7.12%	驱替状态	近混相驱
孔径转换系数	1.55	反应时间	60h

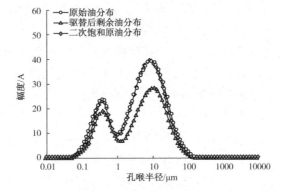

孔喉尺度	纳米级孔喉	微米级孔喉
孔喉半径	100~1000nm	1~100μm
原始覆盖面积 S_o	3140.04	9179.16
二次覆盖面积 S_i	2900.76	8758.92
孔喉堵塞率 b	7.62%	4.58%
孔隙类型	沸石类矿物纳米级溶孔 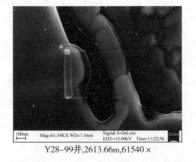 Y28-99井,2613.66m,61540×	长石粒内溶孔 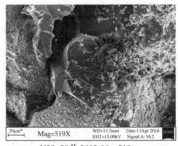 Y28-99井,2613.66m,519×

第四章 矿物溶蚀效应

N4 岩心取自 Y32-93 井,取心深度在 2623.36m,取心位置位于长 8_1 小层。岩心渗透率为 $0.19\times10^{-3}\mu m^2$,孔隙度为 3.91%,在长 8 储层致密砂岩中渗透率级别属于中等偏下,孔隙度值较低,渗透率值中等,物性中等。N4 岩心的注入压力为 23.2MPa,反应时间为 60h。虽然实验用的是煤油样品,但是在注入压力方面 N4 岩心可模拟实际长 8 油藏中的混相驱替(最小混相压力 21.6MPa)。

从表 4-5 中的 T_2 谱剩余油分布情况判断,注入压力升高至 23.2MPa 时,N4 岩心的驱油效果较好,其红色的剩余油分布曲线相比原始油分布下降了近一半。在驱替结束时,微米级孔喉($1\sim100\mu m$)的采收率已经高于纳米级孔喉($100\sim1000nm$)。在注入压力较高的情况下,只要保持驱替前缘稳定,不发生气窜的现象,那么 CO_2 驱的原油采收率将会大幅提高,特别是进入混相驱之后,CO_2 与原油形成混相,降低了原油黏度,膨胀了原油的体积,采收率会得到大幅提升。

从纳米级孔喉($100\sim1000nm$)的二次饱和原油分布曲线来看,下降幅度与 N3 岩心相近,原始油分布 T_2 谱下覆面积为 3088.20,而二次饱和煤油的 T_2 谱下覆面积为 2849.16,通过该数值计算的堵塞率为 7.74%。而微米级孔喉($1\sim100\mu m$)的原始油分布 T_2 谱下覆面积为 9102.24,二次饱和煤油的 T_2 谱下覆面积 8694.36,通过计算其孔喉堵塞率为 4.48%。对孔喉堵塞程度的定量计算结果与 N3 岩心基本一致。从这里可以再一次确认,注入压力对 CO_2-孔喉相互作用程度的影响非常有限,在压力快速提升的同时,采收率稳步上升,而孔喉的堵塞程度却变化很小,纳米级孔喉和微米级孔喉的堵塞率在升压的条件下基本保持不变。

通过观察 N4 岩心进行场发射扫描电镜照片和铸体薄片照片分析发现,该岩样中存在的纳米级孔隙类型主要为次生溶蚀孔,其孔径最小可在 60nm。表 4-5 中所示的孔隙类型为该样品中大量发育的纳米级溶蚀孔和微米级的钠长石的溶孔。其次还观察到大粒间孔和长石粒内溶蚀孔,铸体薄片照片发现存在少量的长石破裂孔,部分裂缝的尺度也在纳米级别。

N5 岩心取自 Y40-92 井,取心深度在 2611.59m,取心位置位于长 8_1 小层。物性分析得到岩心渗透率为 $0.23\times10^{-3}\mu m^2$,孔隙度为 6.69%,整体物性中等。N3 岩心的注入压力为 35.2MPa,该压力已超过最小混相压力 21.6MPa,为此次 CO_2 驱替实验的最高注入压力,驱替时间为 60h(表 4-6)。

表 4-5 CO₂ 驱注入压力 23.2MPa 时孔喉堵塞程度计算表

实验岩心	N4	井　号	Y32-93
取心深度	2623.36m	实验温度	80℃
渗透率	$0.19\times10^{-3}\mu m^2$	注入压力	23.2MPa
孔隙度	3.91%	驱替状态	混相驱
孔径转换系数	1.70	反应时间	60h

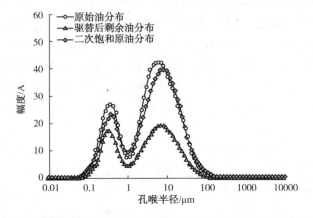

孔喉尺度	纳米级孔喉	微米级孔喉
孔喉半径	100~1000nm	1~100μm
原始覆盖面积 S_o	3088.20	9102.24
二次覆盖面积 S_i	2849.16	8694.36
孔喉堵塞率 b	7.74%	4.48%
孔隙类型	纳米级溶蚀孔 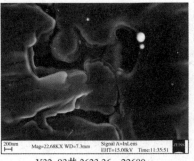 Y32-93井,2623.36m,22680×	钠长石的溶孔与丝片状伊利石  Y32-93井,2623.36m,2990×

表4-6　CO_2驱注入压力35.2MPa时孔喉堵塞程度计算表

实验岩心	N5	井　号	Y40-92
取心深度	2611.59m	实验温度	80℃
渗透率	$0.23 \times 10^{-3} \mu m^2$	注入压力	35.2MPa
孔隙度	6.69%	驱替状态	混相驱
孔径转换系数	1.30	反应时间	60h

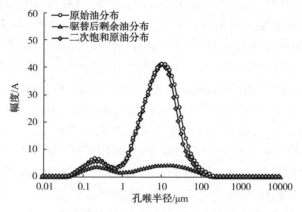

孔喉尺度	纳米级孔喉	微米级孔喉
孔喉半径	100~800nm	0.8~100μm
原始覆盖面积 S_o	914.88	9068.41
二次覆盖面积 S_i	855.12	8725.68
孔喉堵塞率 b	6.53%	6.26%
孔隙类型	粒内纳米级溶孔 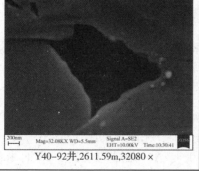 Y40-92井,2611.59m,32080×	长石溶孔及粒间孔  Y40-92井,2611.59m

从T_2谱分布曲线可以看出，在35.2MPa驱替结束时，剩余油量非常小，采收率为5块岩心中最高值。其中，微米级孔喉（1~100μm）中的剩余油量下降幅

度最大，基本已被采完。而纳米级孔喉(100~1000nm)中的采收率也有大幅提高，剩余油量较 N4 岩心降低明显。可以发现，CO_2 注入压力越大，原油采收率越高，但是，存在的问题是，油藏的地层压力是否能够达到如此高，高压注入在油田现场是否可行，这是制约 CO_2 驱提高采收率的一个瓶颈。

实验完成后对 N5 岩心进行了洗油、烘干操作，并在相同的实验条件下二次饱和煤油，表 4-6 中二次饱和煤油分布的浅灰色曲线和原始油分布的黑色曲线幅度差别很小。这说明在 35.2MPa 的注入压力下，CO_2-孔喉相互作用程度与 23.2MPa 时无明显变化。纳米级孔喉(100~800nm)原始油分布 T_2 谱下覆面积为 914.88，而二次饱和煤油的 T_2 谱下覆面积为 855.12，通过该数值计算的堵塞率为 6.53%。而微米级孔喉(0.8~100μm)的原始油 T_2 谱分布与二次饱和煤油 T_2 谱分布在该压力下的降幅较之前稍有增加。原始油分布 T_2 谱下覆面积为 9068.41，而二次饱和煤油的 T_2 谱下覆面积为 8725.68，通过该数值计算的堵塞率为 6.26%。

N5 岩心中存在的纳米级孔隙类型主要为粒内纳米级溶孔。如表 4-6 中所示的纳米孔为粒内溶蚀孔。微米级孔隙类型以溶蚀孔和粒间孔为主。

为了进行对比分析，确定影响 CO_2-孔喉相互作用程度的因素，对 N6~N10 五块岩心在现有驱替压力的基础上，将反应时间延长至 120h。通过对比实验前后的 T_2 谱，确定反应产物颗粒在微、纳米孔喉中的堵塞情况。在实验结果分析中，可将 N1 和 N6、N2 和 N7、N3 和 N5、N4 和 N8、N5 和 N10 进行分组对比其堵塞程度，进一步确认反应时间对 CO_2-孔喉相互作用的影响程度。

N6 岩心取自 Y88-42 井，取心深度在 2979.62m，取心位置位于长 8_1 小层。物性分析得到岩心渗透率为 $0.27×10^{-3}$ $μm^2$，孔隙度为 9.28%，整体物性较好。其注入压力为 4.6MPa，与 N1 岩心的注入压力相同，但是将其驱替时间延长至 120h (表 4-7)。

从表 4-7 看出，剩余油量与 N1 号岩心相近，但是从纳米级孔喉(100~1000nm)的二次饱和原油分布曲线来看，下降幅度较 N1 明显增加，原始油分布 T_2 谱下覆面积为 3747.96，而二次饱和煤油的 T_2 谱下覆面积为 2999.52，通过该数值计算的堵塞率为 19.97%。而微米级孔喉(1~100μm)的原始油分布 T_2 谱下覆面积为 8808.84，二次饱和煤油的 T_2 谱下覆面积为 8778.12，通过计算其孔喉堵塞率为 0.35%。在 120h 的驱替时间下，CO_2-孔喉相互作用程度增加，导致较小孔喉开始出现堵塞。

N7 岩心渗透率为 $0.25×10^{-3}$ $μm^2$，孔隙度为 9.05%，物性与 N6 相近。其注入压力为 7.2MPa，与 N2 岩心的注入压力相同，同样将其驱替时间延长至 120h。通过观察 T_2 谱发现，N7 岩心呈现与 N6 同样的规律，即纳米级孔喉(100~1000nm)的堵塞程度增加，其原始油分布 T_2 谱下覆面积为 1095.8，而二次饱和煤油的 T_2 谱下覆面积为 733.44，通过该数值计算的堵塞率为 33.02%。而微米级孔喉(1~100μm)的堵塞率为 5.23%(表 4-8)。

第四章 矿物溶蚀效应

表 4-7 CO_2 驱注入压力 4.6MPa 时孔喉堵塞程度计算表

实验岩心	N6	井 号	Y88-42
取心深度	2979.62m	实验温度	80℃
渗透率	$0.27×10^{-3}\mu m^2$	注入压力	4.6MPa
孔隙度	9.28%	驱替状态	非混相驱
孔径转换系数	1.41	反应时间	120h

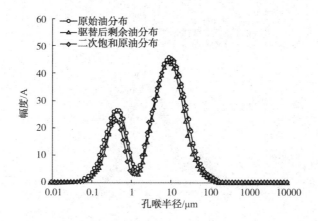

孔喉尺度	纳米级孔喉	微米级孔喉
孔喉半径	100~1100nm	1.1~100μm
原始覆盖面积 S_o	3747.96	8808.84
二次覆盖面积 S_i	2999.52	8778.12
孔喉堵塞率 b	19.97%	0.35%
孔隙类型	粒内纳米级溶孔 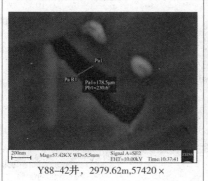 Y88-42井,2979.62m,57420×	粒间孔  Y88-42井,2979.62m

表 4-8 CO_2 驱注入压力 7.2MPa 时孔喉堵塞程度计算表

实验岩心	N7	井号	Y29-100
取心深度	2591.62m	实验温度	80℃
渗透率	$0.25 \times 10^{-3} \mu m^2$	注入压力	7.2MPa
孔隙度	9.05%	驱替状态	非混相驱
孔径转换系数	1.62	反应时间	120h

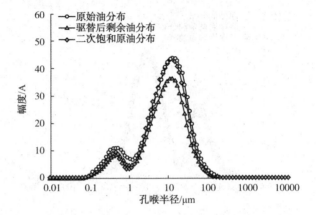

孔喉尺度	纳米级孔喉	微米级孔喉
孔喉半径	100~1000nm	1~100μm
原始覆盖面积 S_o	1095.28	8906.16
二次覆盖面积 S_i	733.44	8440.32
孔喉堵塞率 b	33.02%	5.23%
孔隙类型	粒内纳米级溶孔 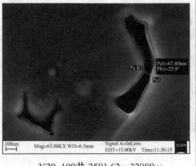 Y29-100井,2591.62m,32080×	粒间孔及绿泥石膜  Y29-100井,2591.62m

通过观察 N6 和 N7 岩心进行场发射扫描电镜照片和铸体薄片照片观察发现，该岩样中存在的纳米级孔隙类型主要为粒内溶蚀孔，其孔径最小可在 100nm 左右。表 4-7 和表 4-8 中所示的纳米孔孔隙类型均为该样品中较发育的纳米级粒内溶蚀孔。微米级孔隙类型多样，主要以粒间孔为主，其次为粒间溶孔和粒内孔。

N3 号和 N8 号岩心的驱替温度压力条件一致，为近混相驱，反应时间分别为 60h 和 120h。从表 4-4 和表 4-9 可以看出，纳米孔喉和微米孔喉的原油采收率相比非混相驱提高幅度较大。同时，其孔喉堵塞程度也不尽相同，微米孔喉二次饱和原油量与原始饱和油量基本一致，无明显降低；而在纳米孔喉中，N8 号岩心二次饱和油量下降明显，说明 CO_2-孔喉相互作用产物对孔喉有堵塞效应。N3 号岩心由于反应时间有限，CO_2-孔喉相互作用产物数量较小，因此其纳米孔喉未出现明显堵塞。

N4 号和 N5 号岩心、N9 号和 N10 号岩心驱替压力升高，都处于 CO_2 混相驱替状态（表 4-5、表 4-6、表 4-10、表 4-11）。可以看出，四块岩心的原油采收率很高，尤其是微米孔喉的剩余油量已非常有限，纳米孔喉采收率的提高幅度也很大。但是，N9 号和 N10 号岩心的纳米孔喉二次饱和原油量也出现明显降低，说明在 120h 的长时间反应下，孔喉壁面和弱酸性地层流体的反应程度较高，同时溶蚀脱落的矿物或者黏土颗粒数量也较多，导致其孔喉堵塞率增加。通过 5 组实验对比发现，孔喉堵塞程度与 CO_2 的注入压力没有明显相关性，其仅随着反应时间的增加而增加。

因此，我们认为 CO_2-孔喉相互作用产生的高岭石、中间产物、岩盐晶体（NaCl）和黏土颗粒等，由于其生成的总量有限，因而仅仅对尺度较小的孔隙、喉道产生堵塞效应，且随着反应时间的增加，对该类孔喉的堵塞程度逐渐加深。

通过对比大、小孔喉反应前后 T_2 谱频率的面积差，可定量计算 CO_2-孔喉相互作用对不同尺度孔喉的堵塞程度，计算结果见表 4-12。以纳米孔（100～1000nm）喉堵塞程度为例，N1～N5 号岩心的纳米孔喉堵塞程度为 5.58%～7.74%，虽然 5 块岩心的注入压力有明显差别，但是由于反应时间相同，其纳米孔喉堵塞程度相近；N6～N10 号岩心由于反应时间较长（表 4-7～表 4-11），其纳米孔喉的平均堵塞率达到 30.98%，明显高于 N1～N5 号岩心（表 4-2～表 4-6）。对于 1～100μm 微米孔喉而言，6 块岩心的堵塞程度差别不大，平均为 3.05%，其值远低于纳米孔喉。

表 4-9　CO_2 驱注入压力 20.7MPa 时孔喉堵塞程度计算表

实验岩心	N8	井　号	Y28-99
取心深度	2610.27m	实验温度	80℃
渗透率	$0.21 \times 10^{-3} \mu m^2$	注入压力	20.7MPa
孔隙度	8.31%	驱替状态	近混相驱
孔径转换系数	1.51	反应时间	120h

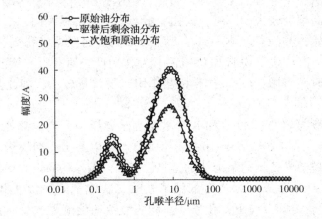

孔喉尺度	纳米级孔喉	微米级孔喉
孔喉半径	100~800nm	0.8~100μm
原始覆盖面积 S_o	1507.56	8548.32
二次覆盖面积 S_i	1096.68	8466.24
孔喉堵塞率 b	27.25%	0.96%
孔隙类型	粒内纳米级溶孔 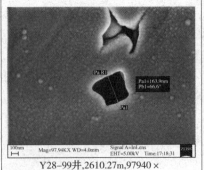 Y28-99井,2610.27m,97940×	孤立分布的粒间孔及长石溶孔  Y28-99井,2610.27m

第四章 矿物溶蚀效应

表 4-10　CO_2 驱注入压力 23.2MPa 时孔喉堵塞程度计算表

实验岩心	N9	井　号	Y32-93
取心深度	2621.05m	实验温度	80℃
渗透率	$0.22 \times 10^{-3} \mu m^2$	注入压力	23.2MPa
孔隙度	7.45%	驱替状态	混相驱
孔径转换系数	1.55	反应时间	120h

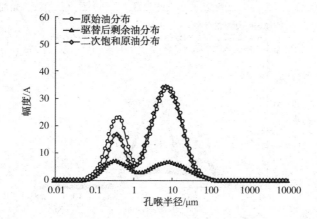

孔喉尺度	纳米级孔喉	微米级孔喉
孔喉半径	100~800nm	0.8~100μm
原始覆盖面积 S_o	2983.92	6312.96
二次覆盖面积 S_i	1809.32	6228.96
孔喉堵塞率 b	39.37%	3.02%
孔隙类型	沸石类矿物纳米级溶孔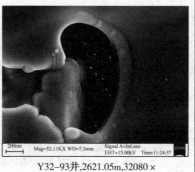Y32-93井,2621.05m,32080×	粒间孔及加大Y32-93井,2621.05m

表 4-11 CO_2 驱注入压力 35.2MPa 时孔喉堵塞程度计算表

实验岩心	N10	井　号	Y40-92
取心深度	2613.47m	实验温度	80℃
渗透率	$0.24 \times 10^{-3} \mu m^2$	注入压力	35.2MPa
孔隙度	6.03%	驱替状态	混相驱
孔径转换系数	1.60	反应时间	120h

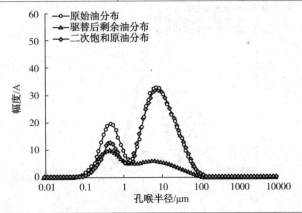

孔喉尺度	纳米级孔喉	微米级孔喉
孔喉半径	100~1100nm	1.1~100μm
原始覆盖面积 S_o	2286.12	5423.16
二次覆盖面积 S_i	1477.68	5202.36
孔喉堵塞率 b	35.36%	4.07%
孔隙类型	纳米级微裂隙 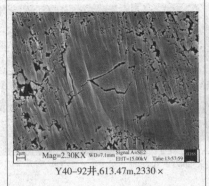 Y40-92井,613.47m,2330×	绿泥石膜及粒间孔，长石溶孔 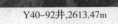 Y40-92井,2613.47m

第四章 矿物溶蚀效应

如图4-2所示，为CO_2-孔喉相互作用后孔喉堵塞程度曲线图，从图中可以看出，100~1000nm纳米孔喉堵塞程度远高于1~100μm微米孔喉，且反应时间是影响孔喉堵塞程度的主要因素。分析认为，1~100μm微米孔喉堵塞程度较低，说明CO_2-孔喉相互作用产生的高岭石、中间产物、岩盐晶体(NaCl)和黏土颗粒总量有限，不足以对特低渗透砂岩的孔隙体积带来明显的影响，因此，岩心孔隙度受到的伤害率就相对较低；而上述产物在生成以后，随着CO_2气体及煤油向前运移的过程中，一部分会桥塞滞留在小孔隙及喉道的细小处，导致100~1000nm的纳米孔喉被上述产物的堵塞程度相对严重，进而对岩心渗透率产生明显的伤害。

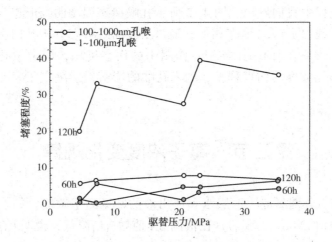

图4-2 不同尺度孔喉堵塞程度曲线

表4-12 孔隙度伤害率、渗透率伤害率及孔喉堵塞程度统计表

岩心编号	孔隙度/%		孔隙度伤害率/%	渗透率/$10^{-3}\mu m^2$		渗透率伤害率/%	孔喉堵塞程度/%	
	实验前	实验后		实验前	实验后		纳米级	微米级
N1	6.05	5.85	3.31	0.28	0.22	21.43	5.58	1.25
N2	4.38	4.21	3.98	0.22	0.17	23.81	6.43	0.26
N3	7.12	6.80	4.48	0.27	0.21	20.83	7.62	4.58
N4	3.91	3.75	4.03	0.19	0.15	21.43	7.74	4.48
N5	6.69	6.39	4.45	0.23	0.18	21.43	6.53	6.26
N6	9.28	8.63	7.02	0.27	0.18	33.33	19.97	0.35

续表

岩心编号	孔隙度/%		孔隙度伤害率/%	渗透率/$10^{-3} \mu m^2$		渗透率伤害率/%	孔喉堵塞程度/%	
	实验前	实验后		实验前	实验后		纳米级	微米级
N7	9.05	8.38	7.42	0.25	0.17	33.33	33.02	5.23
N8	8.31	7.67	7.67	0.21	0.14	33.33	27.25	0.96
N9	7.45	6.91	7.26	0.22	0.15	32.26	39.37	3.02
N10	6.03	5.52	8.52	0.24	0.16	34.78	35.36	4.07

在研究过程中我们发现,图4-2所示孔喉堵塞程度曲线形态与孔隙度、渗透率伤害率曲线(图4-3)形态相似,通过二者曲线形态分析其内在联系,反映了孔隙度、渗透率在CO_2-孔喉相互作用中的伤害机理,即微米孔喉的堵塞程度影响了岩心孔隙度的伤害程度,纳米孔喉的堵塞程度决定了岩心渗透率的伤害率。

第三节 离子浓度变化规律

在实验前后分别测定了地层水和产出液的常见离子浓度,如表4-13所示。原始地层水pH值为6.5,但各产出液的pH值均有所降低,说明CO_2在溶解于地层水后使其呈弱酸性。产出液中增加的Na^+与K^+主要来自长石,实验岩心的长石含量较高,主要为斜长石和正长石;产出液中K^+含量增加主要是弱酸性溶液溶解了部分正长石,由于正长石含量较小,因此K^+含量变化小;而岩心中的斜长石含量较高,经过溶解作用,产出液中Na^+增加较明显。Ca^{2+}含量在实验后也有明显增加,其主要来自被溶解的碳酸盐矿物,如方解石等。

表4-13 实验前后地层水pH值及离子含量

样品编号	注入压力/MPa	反应时间/h	K^+/(mg/L)	Na^+/(mg/L)	Ca^{2+}/(mg/L)	pH值
原始地层水	—	—	6.28	8177.12	5.58	6.5
N1-产出液	4.6	60	8.58	8212.28	99.62	6.2
N2-产出液	7.2	60	7.11	8314.15	101.33	6.4
N3-产出液	20.7	60	9.10	8255.53	98.35	6.1

续表

样品编号	注入压力/MPa	反应时间/h	K^+/(mg/L)	Na^+/(mg/L)	Ca^{2+}/(mg/L)	pH值
N4-产出液	23.2	60	9.52	8187.56	95.29	6.1
N5-产出液	35.2	60	8.17	8302.99	99.69	6.2
N6-产出液	4.6	120	14.99	8828.25	201.12	6.1
N7-产出液	7.2	120	13.25	8759.63	221.23	5.9
N8-产出液	20.7	120	14.18	8714.33	209.58	5.8
N9-产出液	23.2	120	12.69	8686.25	205.68	6.0
N10-产出液	35.2	120	14.73	8919.20	243.23	5.7

通过上述分析发现，在CO_2驱过程中，CO_2-地层水-岩石发生了明显的相互作用，主要为长石和碳酸盐矿物的溶解反应。根据国内外相关研究资料显示，在CO_2-孔喉相互作用溶解反应的过程中，伴随着高岭石、中间产物和岩盐晶体（NaCl）的形成，以及碳酸盐矿物溶解后释放的黏土颗粒，这些物质通过运移堵塞在细小孔隙及喉道处，是造成储层伤害的主要原因，这是后续进行孔喉堵塞程度定量评价研究的重要理论基础。

第四节 物性变化规律

实验前后孔隙度和渗透率如表4-12所示，分别对孔隙度和渗透率在CO_2-孔喉相互作用过程中的伤害率进行了计算。图4-3为岩心孔隙度和渗透率伤害率曲线，可以看出，CO_2-孔喉相互作用对渗透率的伤害明显高于对孔隙度的伤害，且随着反应时间的增加，岩心孔隙度和渗透率受到的伤害程度均增加，其伤害程度与反应时间呈正相关，与CO_2注入压力无明显相关性。N1~N5号岩心的反应时间为60h，其孔隙度伤害率平均为4.06%，渗透率伤害率平均为22.23%；而N6~N10号岩心的反应时间为120h，其孔隙度伤害率平均值为7.61%，其渗透率伤害率则高达33.60%。这说明反应时间越长，CO_2-孔喉相互作用程度越高，其产生的高岭石、中间产物和岩盐晶体等对孔喉的伤害程度越大。

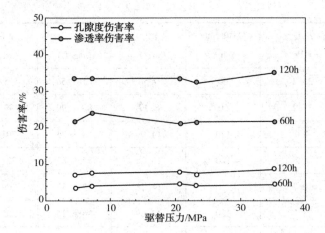

图 4-3　CO_2驱不同实验条件下岩心孔隙度和渗透率伤害率曲线

第五章

储层伤害机理

第五章 储层伤害机理

在致密砂岩储层 CO_2 驱过程中，CO_2、原油和孔喉是三个密切相关的要素，三者之间的相互作用不仅会直接影响油田现场 CO_2 驱的驱油效率，也会影响油藏的原油采收率。同时，其相互作用产生的负面效应可能会缩短整个油田的生命周期。通过本次室内实验研究，已对三者之间的作用条件、作用机理及作用范围有了一定的认识，为 CO_2 驱在致密油藏中的广泛应用提供了理论基础。

第一节 储层伤害控制因素

一、岩心特征参数

（一）对 CO_2-原油相互作用的影响

实验在选取两块渗透率为 $0.22×10^{-3}\mu m^2$ 左右的人造岩心的基础上，另外选取 4 块中渗及高渗人造岩心以实现对比实验，具体信息见表 5-1，评价不同渗透率岩心在 CO_2 驱替过程中的伤害程度。实验用原油样品的原始沥青质含量为 1.15%（质量分数），实验温度 80℃，CO_2 注入速度恒定为 0.2mL/min，驱替压力分别控制在 15MPa 和 25MPa，以观察在混相驱及非混相驱条件下的岩心伤害。

表 5-1 岩心样品信息及驱替实验结果

岩心编号	A9	A10	A11	A12	A13	A14
长度/mm	180	180.2	180.2	180.1	180.3	180
直径/mm	25	25	25.1	25.1	25	25.2
孔隙度/%	2.5	11.7	22.2	2.1	11.2	24.1
渗透率/$10^{-3}\mu m^2$	0.22	25.01	150.55	0.21	25.26	155.21
注入压力/MPa	15	15	15	25	25	25
驱替状态	非混相	非混相	非混相	混相	混相	混相
渗透率伤害率/%	22.72	17.73	7.15	39.1	22.13	12.15
沥青质沉积率/%	20.23	24.31	25.15	42.08	44.94	43.32
采收率/%	62.32	58.85	43.21	82.13	78.52	71.07

首先，从实验数据可以看出，在混相驱阶段的沥青质沉积率高于非混相驱（图 5-1）。在注入压力为 15MPa 时，沥青质沉积率为 24% 左右，注入压力达到 25MPa 时，沥青质沉积率达到近 45%。在非混相驱时，原油和 CO_2 存在气液界

面，接触不充分，沥青质沉积率小；而在实现混相以后，气液界面消失，原油和CO_2大面积充分接触，外加注入压力升高，使沥青质沉积率增加明显。同时，通过实验还发现，不论在混相驱还是非混相驱阶段，沥青质沉积率不受岩心渗透率的影响，同一注入压力下在3种岩心中的沉积率基本相同。

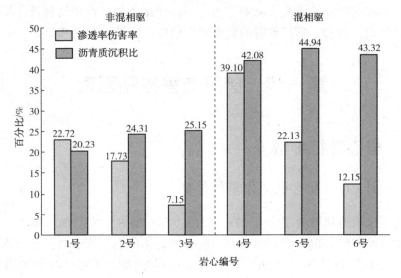

图 5-1 不同驱替状态下沥青质沉积率及渗透率伤害率柱状图

如图 5-2 所示，混相驱岩心渗透率的伤害率值明显高于非混相驱，沥青质沉积的堵塞作用是渗透率降低的主要原因；沥青质沉积率越大，渗透率伤害率越高。在混相驱阶段，沥青质沉积率较大，对应的岩心渗透率伤害最高可达

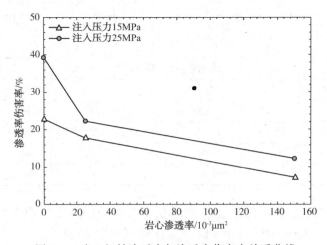

图 5-2 岩心初始渗透率与渗透率伤害率关系曲线

39.10%，而在非混相驱阶段岩心伤害率的最大值仅为22.72%。通过实验数据对比发现，沥青质沉积对不同渗透率岩心产生的伤害程度不同；在非混相驱阶段，1号岩心（低渗岩心）渗透率伤害率为22.72%，2号岩心（中渗岩心）伤害率为17.73%，而同一实验条件下的3号岩心（高渗岩心）渗透率伤害率仅为7.15%。在混相驱阶段也得出了相同的实验结果，4号岩心（低渗岩心）渗透率伤害率高达39.10%，而6号岩心（高渗岩心）伤害率仅为12.15%。这表明相同的沥青质沉积率对不同渗透率储层的伤害程度不同，基质渗透率越大，受到沥青质沉积的伤害越小。

（二）对 CO_2-孔喉相互作用的影响

为了进一步明确 CO_2-孔喉的相互作用对微米、纳米级孔喉的伤害机理，在上述实验的基础上增加一组对比实验，选取3组不同渗透率的长8致密砂岩岩心，每组两块（渗透率相近），对3组岩心分别进行120h的驱替实验，评价 CO_2-孔喉的相互作用在相同实验条件下对不同渗透率岩心的伤害程度，进一步揭示致密砂岩微米、纳米级孔喉系统在 CO_2 驱过程中的伤害机理。实验油样采用饱和煤油替代真实原油样品，以排除 CO_2 驱沥青质沉积对实验结果造成的干扰。实验用盐水为根据岩心取心层位油藏水质监测数据配制的模拟地层水，矿化度为10000mg/L，水型为 $CaCl_2$ 型；实验用 CO_2 气体纯度为99.9%。

如表5-2所示，筛选的6块岩心样品中，N11和N12为两块较高渗透率的岩心，通过压汞曲线的孔喉结构分类，其属于Ⅰ类孔隙结构类型；N13的渗透率较N11和N12小，其孔喉结构属于Ⅱ类，N14的孔喉结构属于Ⅲ岩心样品；最后选取的N15和N16渗透率和孔隙度较低，孔喉结构属于Ⅳ类较差型。以上3组岩心的孔喉结构涵盖了对长8致密砂岩孔喉结构的所有分类。因此，通过该实验不仅可以了解 CO_2-孔喉的相互作用对不同渗透率岩心的孔喉结构的影响程度，还能进一步确定不同类型的孔喉结构特征在 CO_2 驱中受到的影响是否相同。

表5-2 岩心样品信息及驱替实验结果

实验分组	第一组		第二组		第三组	
岩心编号	N11	N12	N13	N14	N15	N16
长度/mm	6.52	6.18	5.89	6.23	6.04	5.95
直径/mm	25.1	25.2	25.1	25.0	25.0	25.1
孔隙度/%	9.51	9.22	7.16	8.01	4.32	3.07
渗透率/$10^{-3}\mu m^2$	0.43	0.39	0.10	0.11	0.04	0.05
转换系数 C	1.15	1.10	1.21	1.42	1.05	1.22

实验前，对筛选的岩心样品进行洗油、烘干操作，3组CO_2驱替的实验条件完全相同，将CO_2以0.5mL/min速度注入岩心中，控制回压阀以稳定注入压力在25MPa进行混相驱替，3组样品的驱替时间均设定为120h。实验流程与基础实验基本一致，首先对岩心饱和地层水，然后用锰水驱替地层水消除水信号后饱和煤油建立原始油水分布模型，进而进行CO_2驱油，驱替结束后再次洗油烘干岩心，测试岩心孔渗参数，二次饱和煤油，对比实验前后饱和煤油的T_2谱面积差值来定量计算CO_2-孔喉的相互作用对孔喉的堵塞程度。

如表5-3所示，为岩心N11和岩心N12在CO_2-孔喉的相互作用中，100~1000nm孔喉和1~100μm孔喉的堵塞程度定量计算表。岩心N11取自Y91-17井，取心深度为2693.87m，取心位置位于长8_1小层。物性分析得到岩心渗透率为$0.43×10^{-3}μm^2$，孔隙度为9.51%，在长8致密砂岩储层中属于物性好。本次对比实验所有岩心的注入压力均为25MPa，该压力已超过最小混相压力21.6MPa，可模拟油藏混相驱的CO_2-孔喉的相互作用反应，驱替时间统一为120h。

从T_2谱分布曲线可以看出，在驱替结束时，N11的采收率非常高。其中，微米级孔喉（1~100μm）中的剩余油量下降幅度较大，基本已被驱替完全，而纳米级孔喉（100~1000nm）中的采收率可以达到将近40%。采收率较高主要是由于注入压力较大，可将微米级孔喉中较难驱替的部位及纳米级孔喉中的油驱出，同时，由于该岩心的孔隙度、渗透率较高，所以原油也较物性差的储层更容易驱替。

在完成对N11岩心洗油、烘干操作后，在相同的实验条件下二次饱和煤油，图中的灰色虚线是二次饱和煤油分布曲线。通过对比可以看出，在25MPa的CO_2驱之后，二次饱和煤油量较原始油分布曲线有明显降低，说明在120h的反应时间下，CO_2-孔喉相互作用对纳米级孔喉（100~1000nm）和微米级孔喉（1~100μm）都存在一定程度的堵塞效应。纳米级孔喉范围内，原始油分布T_2谱下覆面积为985.56，而二次饱和煤油的T_2谱下覆面积为618.36，通过该数值计算的堵塞率为37.25%。而微米级孔喉（1~100μm）的原始油T_2谱分布与二次饱和煤油T_2谱分布在该压力下也出现了一些下降，通过计算得到孔喉堵塞率为9.12%。

通过N11岩心的压汞曲线来看，该岩心的孔喉结构分类属于Ⅰ类，中值半径为0.1123μm，中值压力6.54MPa，排驱压力为0.4MPa，其最大进汞饱和度可达到91.02%，符合孔喉半径较大、低排驱压力、低中值压力的Ⅰ类孔喉结构特征；如表5-3所示，N11的毛管压力曲线形态平缓，整体向左下方靠拢。通过薄片观察发现，该岩心的孔隙类型以粒间孔为主，其次发育溶蚀孔隙。

N12岩心与N11岩心相同，都取自Y91-17井，取心深度为2682.15m，二者

第五章 储层伤害机理

相差 10m 左右，取心层位均为长 8_1 小层。物性分析得到岩心渗透率为 $0.39×10^{-3}\mu m^2$，孔隙度为 9.22%，物性较好。对比发现微米级孔喉（$1\sim100\mu m$）二次饱和煤油分布曲线降低幅度较小，原始油分布 T_2 谱下覆面积为 6792.12，而二次饱和煤油的 T_2 谱下覆面积为 6408.84，通过该数值计算的堵塞率为 5.64%。纳米级孔喉（$100\sim1000nm$）的堵塞程度计算值为 39.15%，其堵塞程度与 N11 岩心的纳米级孔喉相当。N12 岩心的孔喉结构分类同样属于 I 类，反映了好的储层物性及孔喉结构特征。N12 和 N11 岩心物性及孔喉结构特征接近，也反映了基本一致的堵塞规律。

表 5-3 CO_2 驱孔喉堵塞程度计算表

第一组-较高渗岩心			
实验岩心	N11	实验岩心	N12
井 号	Y91-17	井 号	Y91-17
取心深度	2693.87m	取心深度	2682.15m
转换系数 C	1.15	转换系数 C	1.10
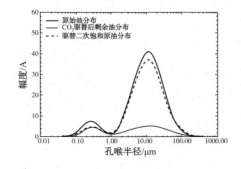		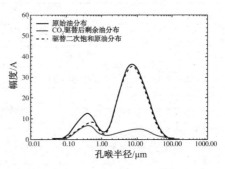	
压汞曲线	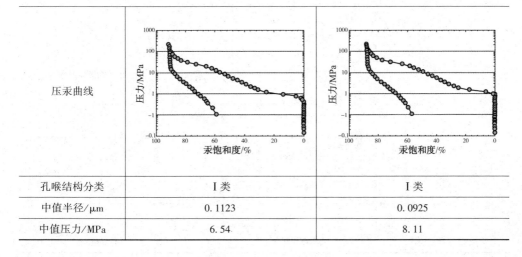		
孔喉结构分类	I 类		I 类
中值半径/μm	0.1123		0.0925
中值压力/MPa	6.54		8.11

续表

第一组-较高渗岩心				
排驱压力/MPa	0.40		0.52	
最大进汞饱和度/%	91.02		88.05	
分选系数	2.15		2.03	
定量评价				
岩心编号	N11		N12	
孔喉尺度	纳米级	微米级	纳米级	微米级
孔喉半径	100~1000nm	1~100μm	100~1000nm	1~100μm
原始覆盖面积 S_o	985.56	8608.32	1695.96	6792.12
二次覆盖面积 S_i	618.36	7822.92	1031.88	6408.84
孔喉堵塞率 b	37.25%	9.12%	39.15%	5.64%

表5-4　CO_2驱孔喉堵塞程度计算表

第二组-中渗岩心			
实验岩心	N13	实验岩心	N14
井号	H162	井号	Y32-96
取心深度	2864.17m	取心深度	2628.23m
转换系数 C	1.21	转换系数 C	1.02
压汞曲线			

第五章 储层伤害机理

续表

	第二组-中渗岩心	
孔喉结构分类	Ⅱ类	Ⅲ类
中值半径/μm	0.0382	0.0664
中值压力/MPa	19.23	11.06
排驱压力/MPa	0.96	1.51
最大进汞饱和度/%	89.64	82.93
分选系数	1.72	2.02

	定量评价			
岩心编号	N13		N14	
孔喉尺度	纳米级	微米级	纳米级	微米级
孔喉半径	100~1000nm	1~100μm	100~1000nm	1~100μm
原始覆盖面积 S_o	3171.35	10213.84	1914.62	7375.68
二次覆盖面积 S_i	1504.32	9306.24	802.56	6849.96
孔喉堵塞率 b	52.56%	8.89%	58.08%	7.12%

如表 5-4 所示,在第二组实验中,岩心 N13 和 N14 分别取自深度为 2864.17m 和 2628.23m 的长 8_1 小层中。物性分析得到 N13 岩心渗透率为 $0.10×10^{-3}\mu m^2$,孔隙度为 7.16%;N14 的渗透率为 $0.11×10^{-3}\mu m^2$,孔隙度为 8.01%,两块岩心的物性中等偏下。和第一组实验相同,驱替压力为 25MPa,实验时间 120h。

从 T_2 谱分布曲线可以看出,在驱替结束时,两块岩心微米级孔喉(1~100μm)的采收率均较高,剩余油量很小,基本已被驱替完全,而纳米级孔喉(100~1000nm)中的采收率 N13 较 N14 好。和第一组岩心对比发现,在 25MPa 驱替压力下,四块岩心整体呈现较高采收率,岩心的孔隙度、渗透率越高,物性参数越好,CO_2 驱采收率也就越高。

在对 N13 岩心二次饱和煤油后,二次饱和油量较原始油分布曲线有明显降低,主要堵塞位置为纳米级孔喉(100~1000nm),微米级孔喉(1~100μm)二次饱和曲线虽有降低,但是降幅较小,堵塞程度不明显。纳米级孔喉范围内,原始油分布 T_2 谱下覆面积为 3717.35,而二次饱和煤油的 T_2 谱下覆面积为 1504.32,通过该数值计算的堵塞率为 52.56%。而微米级孔喉(1~100μm)计算得到孔喉堵塞率为 8.89%。同样,N13 岩心的二次饱和油量也在纳米级孔喉(100~1000nm)位置降低明显,原始油分布 T_2 谱下覆面积为 7375.68,而二次饱和煤油的 T_2 谱下覆面积为 6849.96,通过该数值计算的堵塞率为 58.08%。

通过两块岩心的压汞曲线来看,其孔喉结构分类分别属于Ⅱ类和Ⅲ类,中值半径分别为 0.0382μm 和 0.0664μm,中值压力较大,排驱压力较高,其最大进汞饱和度分别为 89.64% 和 82.93%。其孔隙结构及物性特征明显变差,毛管压力曲线形态上翘。

综合对比认为,第二组岩心在 CO_2-孔喉的相互作用下出现的孔喉堵塞程度要高于第一组岩心样品。在实验条件完全一样的情况下,表明造成这种现象的主要因素是岩心的物性及孔喉结构。第一组岩心孔渗较高,物性好,孔喉结构属于一类,而第二组岩心的渗透率明显低于第一组岩心,且孔喉结构也明显变差,这是导致在同样驱替压力及反应时间下,堵塞程度出现差异的主要原因。

表 5-5 CO_2 驱孔喉堵塞程度计算表

第三组-低渗岩心			
实验岩心	N15	实验岩心	N16
井 号	H3	井 号	Y32-93
取心深度	2651.23m	取心深度	2631.25m
转换系数 C	1.05	转换系数 C	1.22
孔喉分布	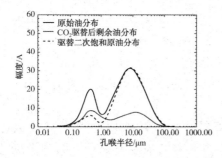		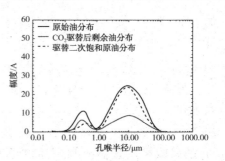
压汞曲线			
孔喉结构分类	Ⅳ类		Ⅳ类
中值半径/μm	0.0167		0.0130
中值压力/MPa	43.90		56.35

第五章 储层伤害机理

续表

	第三组-低渗岩心	
排驱压力/MPa	2.90	2.26
最大进汞饱和度/%	66.67	72.90
分选系数	1.76	2.17
定量评价			
岩心编号	N15		N16	
孔喉尺度	纳米级	微米级	纳米级	微米级
孔喉半径	100~1000nm	1~100μm	100~1000nm	1~100μm
原始覆盖面积 S_o	1855.16	7317.01	1229.48	5722.54
二次覆盖面积 S_i	723.14	6733.39	500.76	4793.12
孔喉堵塞率 b	61.02%	7.97%	59.27%	16.24%

如表 5-5 所示,第三组岩心的渗透率分别为 $0.04 \times 10^{-3} \mu m^2$ 和 $0.05 \times 10^{-3} \mu m^2$,孔隙度为 4.32%和 3.07%,这两块岩心在长 8 致密砂岩储层中物性较差。通过压汞曲线及参数判断,N15 和 N16 岩心孔隙结构分类均为Ⅳ类,反映了储层物性较差,孔喉连通程度低,渗流能力低。从镜下观察该类样品孔隙空间发育程度差,仅有微裂隙或少量溶孔发育,无实际储集意义,存在此类特征的样品数量较少。

N15 岩心在 25MPa 注入压力下的采收率较高,而 N16 则表现出较低的采收率,这是三组实验中唯一一块采收率较低的岩心样品。从微米级孔喉(1~100μm)和纳米级孔喉(100~1000nm)的 T_2 谱分布来看,原始饱和油量就明显低于其他 5 块岩心;观察其剩余油分布曲线,在纳米级孔喉中的剩余油量与其他岩心基本一致,但是其微米级孔喉的剩余油量明显高于其他岩心,因此导致其最终采收率较低。出现这种情况主要是由于其较差的物性和孔喉结构特征,在驱油过程中,原油从此类复杂、连通性差的孔隙中驱出难度加大,不利于提高采收率。

通过分析 N15 和 N16 两块岩心在相同的实验条件下二次饱和煤油分布曲线发现,两块岩心的纳米级孔喉(100~1000nm)二次饱和油量较小,N15 原始油分布 T_2 谱下覆面积为 1855.16,二次饱和煤油的 T_2 谱下覆面积为 723.14,计算堵塞率为 61.02%;N16 原始油分布 T_2 谱下覆面积为 1229.48,二次饱和煤油的 T_2 谱下覆面积为 500.76,计算堵塞率为 59.27%。两块岩心的纳米级孔喉堵塞程度相近,基本达到 60%,在三组实验中属于堵塞最严重的。而微米级孔喉(1~100μm)的原始油 T_2 谱分布与二次饱和煤油 T_2 谱分布在该压力下也出现了不同程度的下降,通过计算得到 N15 的孔喉堵塞率为 7.97%,N16 的孔喉堵塞率则到达 16.24%,是 6 块岩心中微米级孔喉中堵塞最严重的。

表 5-6 是对 6 块岩心纳米级孔喉(100~1000nm)和微米级孔喉(1~100μm)在 CO_2-孔喉的相互作用后堵塞程度的统计表。6 块岩心的孔隙度和渗透率依次降低,最大渗透率为 $0.43 \times 10^{-3} \mu m^2$,最小为 $0.05 \times 10^{-3} \mu m^2$,孔隙度参数最大为 9.51%,最小值为 3.07%。随着岩心孔渗物性的降低,从孔喉堵塞程度数据来看,其堵塞程度也随着物性参数进一步增加。

表 5-6 实验样品信息及驱替实验结果

实验分组		第一组		第二组		第三组	
岩心编号		N11	N12	N13	N14	N15	N16
孔隙度/%		9.51	9.22	7.16	8.01	4.32	3.07
渗透率/$10^{-3}\mu m^2$		0.43	0.39	0.10	0.11	0.04	0.05
孔喉结构分类		Ⅰ类	Ⅰ类	Ⅱ类	Ⅲ类	Ⅳ类	Ⅳ类
中值半径/μm		0.1123	0.0925	0.0382	0.0664	0.0167	0.0130
中值压力/MPa		6.54	8.11	19.23	11.06	43.90	56.35
排驱压力/MPa		0.40	0.52	0.96	1.51	2.90	2.26
最大进汞饱和度/%		91.02	88.05	89.64	82.93	66.67	72.90
孔喉堵塞程度/%	纳米级	37.25	39.15	52.56	58.08	61.02	59.27
	微米级	9.12	5.64	8.89	7.12	7.97	16.24

图 5-3 是岩心渗透率和孔喉堵塞程度的关系曲线,可以看出随着岩心渗透率的增加,纳米级孔喉的堵塞程度整体呈下降趋势;渗透率为 $0.43 \times 10^{-3} \mu m^2$ 的岩心,其纳米级孔喉(100~1000nm)的堵塞程度在 37.25 左右,当渗透率下降至

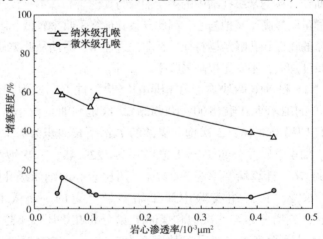

图 5-3 岩心孔喉堵塞程度与岩心初始渗透率关系曲线

$0.04 \times 10^{-3} \mu m^2$ 时,岩心的堵塞程度已达到 61.02%。对于微米级孔喉(1~100μm)来说,5 块岩心的堵塞程度与渗透率参数没有明显的相关性,随着渗透率降低,其堵塞率基本在 5.64%~9.12%。N16 岩心的微米级孔喉堵塞程度较大,达到了 16.24%,其渗透率为 $0.05 \times 10^{-3} \mu m^2$,但是 N15 岩心的渗透率为 $0.04 \times 10^{-3} \mu m^2$,其堵塞程度仅为 7.97%,因此认为 N16 微米级孔喉的堵塞程度较大与渗透率无必然联系。通过上述分析,可以认为渗透率是影响致密砂岩储层 CO_2 驱纳米级孔喉(100~1000nm)堵塞程度的一个重要因素,孔喉的堵塞程度随着渗透率的降低而加重。

图 5-4 和图 5-5 为孔喉堵塞程度与中值半径及排驱压力的关系曲线。如图 5-4 所示,随着中值半径的增加,其纳米级孔喉(100~1000nm)的堵塞程度整体呈降低的趋势,中值半径为 0.1123μm 时,纳米级孔喉的堵塞程度为 37.25%左右,当中值半径降低至 0.0130μm 时,纳米孔喉的堵塞程度已达 59.27%。但是微米级孔喉(1~100μm)的堵塞程度变化较小,曲线显示其未受到中值半径的影响。

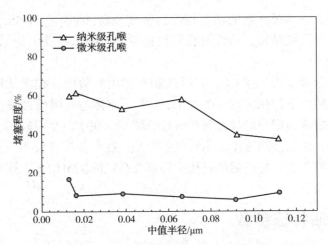

图 5-4 岩心孔喉堵塞程度与岩心中值半径关系

如图 5-5 所示,纳米级孔喉(100~1000nm)的堵塞程度随排驱压力的增加而稳定上升。在排驱压力为 0.4~0.96MPa 的过程中,纳米级孔喉的堵塞程度上升速度较快,当排驱压力达到 1.51MPa 以后,纳米孔的堵塞程度曲线趋于平缓,小幅度稳定增加。同样,微米级孔喉(1~100μm)的堵塞程度未表现出与排驱压力有明显相关性。

6 块岩心覆盖了全部 4 种孔喉结构类型。第一组岩心均为 I 类孔喉结构,其物性好,孔隙度、渗透率高;纳米级孔喉(100~1000nm)的堵塞程度为三组实验中最低的,平均为 39.15%。第二组岩心为 II 类和 III 类孔喉结构,其物性参数较

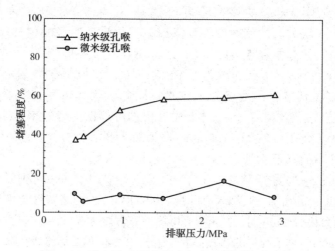

图 5-5 岩心孔喉堵塞程度与岩心排驱压力关系

第一组岩心差，纳米级孔喉的堵塞程度也明显升高，平均达到 55.32%。第三组岩心主要为Ⅳ类孔喉结构，物性及孔喉结构较差，纳米级孔喉的堵塞程度最高，平均达到 60.15%。

通过上述分析发现，在 CO_2-孔喉的相互作用实验中，孔隙结构对孔喉的堵塞程度有重要的影响作用。在 CO_2 驱中，CO_2、流体与孔喉壁面发生溶蚀、溶解反应，产生和脱落的细小颗粒会对孔喉造成堵塞，在中值半径较大、孔喉连通性较好的储层中，颗粒会随流体运出孔喉；但是，在中值半径较小、孔喉结构较差的储层中，颗粒会更容易在运移过程中桥塞在孔喉的狭窄位置，造成堵塞，影响岩心二次饱和油量。

二、原油特征参数

由于 CO_2-孔喉相互作用模拟实验是借助煤油来完成的，因此，只能评价原油特征参数差异对 CO_2-原油相互作用实验的结果的影响，通过对第二章 CO_2-原油相互作用实验结果的分析来看，沥青质沉积量是决定微米、纳米级孔喉堵塞程度和岩心渗透率伤害率的决定性因素。因此，我们借助采收率评价实验，利用三种不同沥青质含量的原油样品在相同物性的人造岩心中进行 CO_2-原油相互作用对比实验，进一步观察原油特征参数是否会对沥青质沉积量有影响。

对比实验除选取姬塬油田长 8 油藏原油样品外，另增加安塞油田沥青质含量为 0.71% 和 1.68%（质量分数）的两种原油样品进行对比实验（表 5-7）。实验岩心为人造岩心，具体参数见表 5-8。实验温度为 80℃，注入压力设定为 15MPa。

第五章 储层伤害机理

表 5-7 实验油样物性参数

油样编号	来源	层位	80℃时的原油黏度/mPa·s	原油密度/g·cm^{-3}	沥青质含量/%
1	安塞油田	长 6	2.2	0.841	0.71
2	姬塬油田	长 6	1.9	0.762	1.15
3	安塞油田	长 6	2.1	0.855	1.68

表 5-8 岩心样品参数及实验条件

岩心编号	油样编号	长度/mm	直径/mm	孔隙度/%	渗透率/$10^{-3}\mu m^2$	注入压力/MPa	驱替压差/MPa
A15	1	10.05	25.0	2.68	0.22	15	2
A16	2	10.01	25.1	2.85	0.22	15	2
A17	3	10.08	25.0	2.73	0.22	15	2

通过实验数据分析得知,三种沥青质含量不同的原油样品,其在实验结束时产生的沥青质沉积量是不同的。如图 5-6 所示,随着原始沥青质含量的升高,沥青质的沉积量呈现单调增加。但是,我们发现,不同沥青质含量的原油样品其沥青质沉积率是基本保持不变的,如图 5-7 所示,从图中可以观察到,沥青质沉积率随着原油沥青质含量的增加无明显变化。沥青质含量为 0.71%(质量分数)的原油样品在驱替实验结束后测定其沉积率为 32.39%;而沥青质含量最大的原油样品其实验后期沥青质沉积率为 31.54%,二者非常接近。分析认为,虽然实验油样的初始沥青质含量不同,但是在实验过后其相对沉积率基本一致,均为 31% 左右。不同油样的沥青质沉积机理及反应程度基本相同,在沥青质含量差别较小的情况下,其沉积率无明显差异。

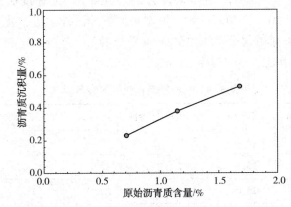

图 5-6 沥青质沉积量与原始沥青质含量关系曲线

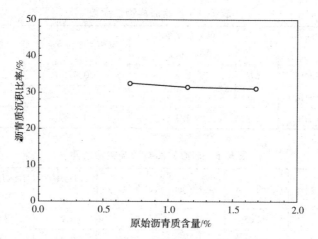

图 5-7 沥青质沉积比率与原始沥青质含量关系曲线

因此,我们推断,沥青质含量越高的原油样品,其在 CO_2 驱替过程中产生的沥青质沉积量越大,造成的微米、纳米级孔喉堵塞伤害及岩心渗透率伤害就越严重。

三、物理模拟条件

1. 实验温度

根据 CO_2-原油相互作用实验和 CO_2-孔喉相互作用实验的相关经验,分析认为实验温度的小范围变化对 CO_2-孔喉相互作用基本无影响。但是,实验温度会影响 CO_2-原油相互作用实验中的沥青质沉积量,因此选择 4 块人造岩心进行不同温度下的沥青质沉积量对比实验,具体信息见表 5-9。

CO_2 驱替实验设计温度为 80℃,即姬塬长 8 油藏平均地层温度。为确定温度条件对沥青质沉淀量的影响,在实验压力 23.2MPa、注入速度 0.5mL/min 恒定情况下,增加 50℃、60℃、70℃、90℃ 恒温条件下的另外 4 组驱替实验作为对比实验。实验油样的沥青质含量为 1.15%(质量分数),人造岩心渗透率为 $(0.22 \sim 0.24) \times 10^{-3} \mu m^2$,孔隙度为 4.4%~4.8%。

表 5-9 岩心样品参数及实验条件

岩心编号	长度/mm	直径/mm	孔隙度/%	渗透率/$10^{-3}\mu m^2$	注入压力/MPa	反应温度/℃
A18	10.01	25.1	3.68	0.22	23.2	50
A19	10.04	25.1	3.27	0.21	23.2	60
A20	10.02	25.0	2.92	0.22	23.2	70
A21	10.00	25.1	3.05	0.23	23.2	80

实验结果如图 5-8 所示,沥青质沉积量随温度的升高先减小再增大。在 50℃时沥青质沉积量最大,可达到 35.28%;随着实验温度的升高,沥青质沉积量逐渐减小,在 70~80℃时沉积量最小;当温度升高至 90℃,沥青质沉积量再次增加,与 60℃时的沉积量接近。综合分析认为,在实验温度上升的过程中原油-沥青质体系存在两种相反的作用,首先,在升温过程中,体系分子能量增加,分子运动加剧,分子间碰撞概率增加,有利于沥青质大分子在原油中的溶解;其次,沥青质胶团间的相互作用会在温度升高的情况下变弱,致使一部分沥青质大分子从表面发生解吸,进入原油体系中进一步发生沉积、絮凝的现象。本次实验中,在 50~80℃时,随着温度的升高,原油内部分子动能大,在溶解效应和解吸效应共同作用的情况下,溶解效应为主导作用,因此沥青质沉积量在该阶段逐步降低。但是,随着温度升高至 90℃,解吸效应逐步增强,其作用程度已超过溶解效应,进而导致沥青质沉积量出现增加。

实验油样在 70~80℃时,两种作用程度接近,出现沥青质在该阶段沉积量最小,有利于提高 CO_2 驱油效率,从而提高原油采收率。

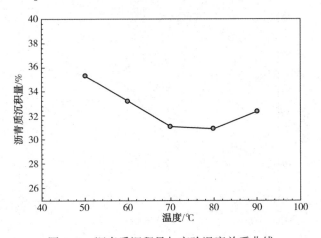

图 5-8　沥青质沉积量与实验温度关系曲线

2. 注入压力

在第二章和第三章的实验中,实验压力是设计实验时的一个重要变量。但是,在 CO_2-孔喉相互作用实验中,注入压力的变化对孔喉的堵塞程度和岩心渗透率伤害率无明显影响;相反,注入压力对 CO_2-原油相互作用实验中的沥青质沉积量有非常明显的影响。在实验温度高于临界温度 31.26℃,注入压力高于临界压力 7.2MPa 的状态下,CO_2 进入超临界状态,其性质会发生变化,黏度接近于气体,扩散系数增大,在原油中具有很强的溶解能力。同时,在注入压力达到最小混相压力时,CO_2-原油体系实现混相。这两种状态均会对沥青质沉积量产生重要的影响。

实验压力是本次实验的重要变量,在实验温度 80℃、注入速度 0.5mL/min 恒定的情况下,改变 CO_2 注入压力,观察其对沥青质沉积量的影响。实验结果如图 5-9 所示,沥青质沉积量随 CO_2 注入压力增加整体呈现上升的趋势,混相驱阶段的沥青质沉积率高于非混相驱;同时,观察发现在沥青质沉积量曲线上升的过程中呈现出两段明显的陡坡状。第一段是在 7.2MPa 附近,即 CO_2 达到超临界状态,此时 CO_2 大量溶解于原油中,导致沥青质沉积量出现一个快速增长阶段。在注入压力为 4.6MPa 时,沥青质沉积量仅有 12.56%,当注入压力达到 8.5MPa 时,沉积量已增加至 17.33%。在驱替压力为 15MPa 时,沥青质沉积率为 22% 左右,在压力到达最小混相压力 21.6MPa 附近时,此时 CO_2 与原油实现混相,溶解量为最大值,沥青质沉积率达到 30.91%。在非混相驱时,原油和 CO_2 存在气液界面,接触不充分,导致沥青质沉积率小;而在实现混相以后,气液界面消失,原油和 CO_2 大面积充分接触,外加注入压力升高,使沥青质沉积率增加明显。

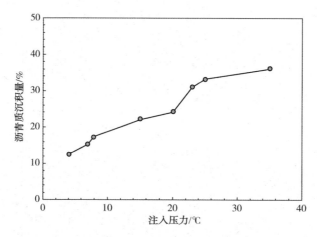

图 5-9 沥青质沉积量与注入压力关系曲线

在现场实际生产中,油藏压力对 CO_2-原油-微纳米孔喉相互作用的影响不可忽视,其决定了 CO_2 驱的注入压力,而注入压力又决定了 CO_2 驱是否可以达到混相驱。在混相驱阶段和非混相驱阶段的沥青质沉积量是不同的,其对微纳米孔喉系统造成的影响也存在差异。

3. 注入速度

通常,注入速度会影响 CO_2 在原油中的溶解度,在注入速度较低时,CO_2 与原油体系溶解充分,此时沥青质沉积量将会增大;在注入速度较高时,一方面会

使 CO_2 在原油中的溶解度降低，另一方面较高的注入速度也会影响沥青质沉积过程的持续性，使沥青质的沉积量相应减小。

当实验温度 80℃，在常规注入速度 0.5mL/min 情况下，增加 0.1mL/min、0.2mL/min、0.3mL/min、0.4mL/min 四种注入速度，实验过程中将驱替压力稳定在 23MPa 左右进行对比，岩心信息见表 5-10。

表 5-10　岩心样品参数及实验条件

岩心编号	长度/mm	直径/mm	孔隙度/%	渗透率/$10^{-3}\mu m^2$	注入压力/MPa	注入速度/(mL/min)
A22	10.00	25.0	3.52	0.21	23	0.1
A23	10.01	25.0	4.01	0.22	23	0.2
A24	10.00	25.1	2.99	0.22	23	0.3
A25	10.02	25.1	3.43	0.24	23	0.4

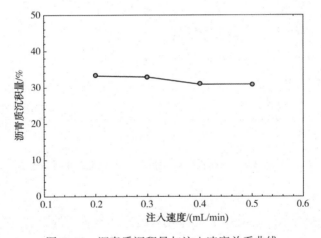

图 5-10　沥青质沉积量与注入速度关系曲线

实验结果如图 5-10 所示，整体来看，沥青质沉积量随 CO_2 注入速度的增加而缓慢减小，在注入速度为 0.2mL/min 的情况下，沥青质沉积量最大为 33.52%，在注入速度下降的过程中，沥青质沉积量逐渐降低。本次实验采用的 CO_2 注入速度为 0.5mL/min，对应的沥青质沉积量最小为 30.91%。因此，在现场实际生产中，选择合理的 CO_2 注入速度有利于降低沥青质沉积量，提高 CO_2 驱油效率。

4. 注入量

注入量参数的评价是在原油物性对比实验的基础上，监测了三种油样在不同

CO_2 注入量下的沥青质沉积情况，从图 5-11 中可以看出，沥青质的沉积量与 CO_2 的注入量呈正相关，随着 CO_2 注入量的增加，沥青质沉积明显上升。这主要是由于岩心中 CO_2 含量增加，更多的 CO_2 溶于原油样品中，使沥青质沉积量也出现明显上升。

图 5-11 中的折线斜率可代表沥青质的沉积速率，可以看出沥青质速率随着 CO_2 注入 PV 数的增加而降低，3 组实验的沉积曲线形态相近。在 CO_2 注入量为 0~1PV 时，是整个驱替过程中沥青质沉积速率最快的阶段（曲线形态较陡），3 组实验表现出了同样的特征；在 CO_2 注入量为 1~3PV 时，沉积速率稍有下降，整体慢于 1PV 之前；在 CO_2 注入量为 3PV 后，沥青质沉积量曲线形态整体趋于平缓，沉积速率明显降低。

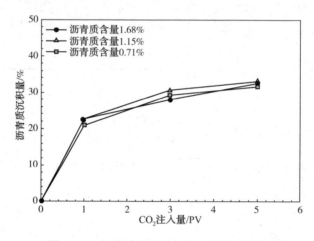

图 5-11　沥青质沉积量与注入量关系曲线

5. 实验时间

实验时间参数对 CO_2-孔喉相互作用程度有非常重要的影响。CO_2 在储层中的停留时间越长，储层孔喉中的 CO_2-孔喉相互作用程度越高，造成的储层物性伤害及堵塞程度就越严重。从图 5-12 和图 5-13 中可知，代表反应时间为 120h 的孔渗伤害及孔隙堵塞程度曲线，与 60h 结果对比发现，其对孔隙体积的堵塞比对渗流能力的伤害更加严重。在孔喉堵塞程度上，120h 反应时间对 0.01~1ms 的小孔伤害比较严重，而对于微米孔喉的伤害，与 60h 伤害程度基本一致。

油藏 CO_2 驱是一个长期的过程，CO_2 在储层流体中的存在过程很长，因此，通过本次室内实验结果可知，只要储层中存在弱酸性流体，那么 CO_2-孔喉相互作用就会一直进行下去，目前来看时间越长，对储层的伤害就越大。

第五章　储层伤害机理

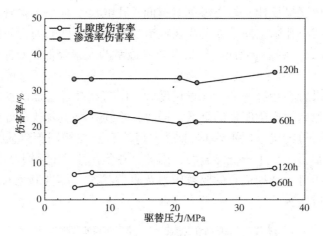

图 5-12　岩心孔隙度和渗透率伤害率曲线

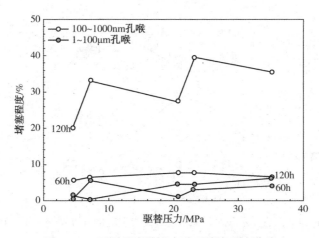

图 5-13　不同尺度孔喉实验后堵塞程度曲线

第二节　孔喉微观堵塞机理

在油田现场 CO_2 作业中，沥青质在储层及管道中的沉积是不可避免的，同样，储层中由于 CO_2 溶解于地层流体中产生的弱酸性与储层矿物发生溶解溶蚀反应也较为常见。但是，为什么这种常态反应在致密油藏中发生时会带来非常严重的负面效应，归根结底这与致密砂岩储层的孔喉尺度密切相关。

通过以上规律反映出，在沥青质沉积率相同的情况下，孔喉的堵塞率与岩心渗透率和孔喉尺度呈反比,岩心渗透率越低,孔喉尺度越小,附着在孔隙壁面的沥青质沉积会减小孔隙空间,而沉积在喉道及孔隙狭窄处的沥青质沉积则会形成堵塞[图5-14(a)]。这种效应会导致有效渗透率的大幅降低,对储集层造成比较严重的伤害。

但是,如果岩心渗透率大,孔喉尺度大,附着在孔喉壁面的沥青质沉积则不会使储集层孔隙空间产生明显的降低,同时,堆积在喉道及狭窄处的沉积物也很难对孔喉形成有效的堵塞[图5-14(b)]。高渗岩心在相同沥青质沉积率的情况下,孔喉堵塞率要明显小于低渗岩心,因此,在实际生产过程中,针对不同物性的储集层,须相对应选择适合的驱替压力及驱替状态,尽量避免CO_2驱沥青质沉积对储集层造成伤害。

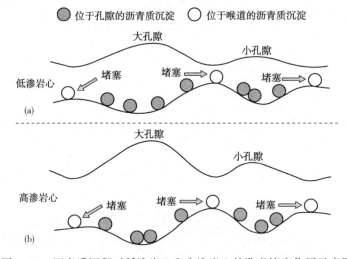

图 5-14 沥青质沉积对低渗岩心和高渗岩心的孔喉堵塞作用示意图

如图 5-15 所示,为 CO_2 驱 CO_2-孔喉相互作用的堵塞机理示意图。图中虚线将储层的孔喉分为两个部分,左侧为纳米级孔喉,右侧则为微米级孔喉。我们可以发现,从 T_2 谱的降低幅度来看,左侧纳米孔喉的下降百分比大于右侧微米孔喉,说明在 CO_2 驱 CO_2-孔喉相互作用过程中,纳米孔喉被堵塞的程度大于微米孔喉。从 T_2 谱上方的孔喉堵塞机理示意图中可以发现,在 CO_2-孔喉的相互作用,即 CO_2 驱弱酸性流体与孔喉壁面的相互作用中,会生成新的矿物,同时反应过程中会造成孔喉表面的黏土颗粒出现溶解脱落。脱落的黏土颗粒和新生成的矿物一部分会堆积在储层孔喉中,另一部分会随着流体运移至喉道狭窄处造成喉道桥塞。在微米孔喉中,孔隙、喉道半径均比较大,较小颗粒的堆积及桥塞对孔喉不会造成明显影响,也不会出现堵塞的情况。而在纳米孔喉中情况就有所不同,首先,由于纳米孔喉的孔隙半径小,因此堆积的矿物颗粒就会造成纳米孔喉孔隙度的降低；其次，当颗粒运移至喉道狭窄处时，由于喉道半径有限，颗粒便会在此处形成桥塞，不仅堵塞了喉道，使流体无法进入小孔；同时，也降低了岩心的渗流能力，造成岩性渗透率的伤害，这就是纳米孔喉易出现堵塞的主要作用机理。

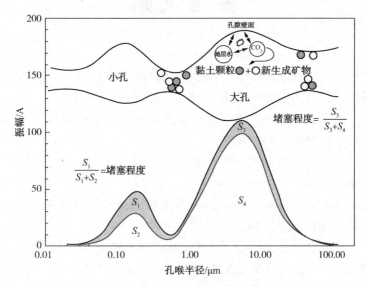

图 5-15　CO_2-孔喉相互作用孔喉堵塞示意图

参考文献

[1] 杨智,付金华,郭秋麟,等.鄂尔多斯盆地三叠系延长组陆相致密油发现、特征及潜力[J].中国石油勘探,2017,22(06):9-15.

[2] 王红军,马锋,童晓光,等.全球非常规油气资源评价[J].石油勘探与开发,2016,43(06):850-862.

[3] 王香增,任来义,贺永红,等.鄂尔多斯盆地致密油的定义[J].油气地质与采收率,2016,23(01):1-7.

[4] 张君峰,毕海滨,许浩,等.国外致密油勘探开发新进展及借鉴意义[J].石油学报,2015,36(02):127-137.

[5] 毕海滨,段晓文,郑婧,等.致密油生产动态特征及可采储量评估方法[J].石油学报,2018,39(02):172-179.

[6] 邓亚仁,任战利,马文强,等.鄂尔多斯盆地富县地区长8层段致密砂岩储层特征及充注下限[J].石油实验地质,2018,40(02):288-294.

[7] 曹喆,柳广弟,柳庄小雪,等.致密油地质研究现状及展望[J].天然气地球科学,2014,25(10):1499-1508.

[8] WANG Y, JEANNIN L, AGOSTINI F, et al. Experimental study and micromechanical interpretation of the poroelastic behaviour and permeability of a tight sandstone [J]. International Journal of Rock Mechanics and Mining Sciences, 2018, 103: 89-95.

[9] WU H, ZHANG C, JI Y, et al. Pore throat characteristics of tight sandstone of Yanchang Formation in eastern Gansu, Ordos Basin [J]. Petroleum Research, 2018, 3(1): 33-43.

[10] HEMES S, DESBOIS G, URAI J L, et al. Multi-scale characterization of porosity in Boom Clay (HADES-level, Mol, Belgium) using a combination of X-ray μ-CT, 2D BIB-SEM and FIB-SEM tomography [J]. Microporous and Mesoporous Materials, 2015, 208: 1-20.

[11] 白斌,朱如凯,吴松涛,等.利用多尺度CT成像表征致密砂岩微观孔喉结构[J].石油勘探与开发,2013,40(3):329-333.

[12] 吴浩,张春林,纪友亮,等.致密砂岩孔喉大小表征及对储层物性的控制—以鄂尔多斯盆地陇东地区延长组为例[J].石油学报,2017,38(08):876-887.

[13] 房涛,张立宽,刘乃贵,等.核磁共振技术定量表征致密砂岩气储层孔隙结构—以临清坳陷东部石炭系—二叠系致密砂岩储层为例[J].石油学报,2017,38(08):902-915.

[14] 肖佃师,卢双舫,陆正元,等.联合核磁共振和恒速压汞方法测定致密砂岩孔喉结构[J].石油勘探与开发,2016,43(06):961-970.

[15] 殷艳玲,孙志刚,王军,等.胜利油田致密砂岩油藏微观孔隙结构特征[J].新疆石油地质,2015,36(06):693-695.

[16] 魏登峰.鄂尔多斯盆地P地区延长组长7致密油藏形成机制与富集规律[D].成都:西南石油大学,2015:57-78.

[17] 董平川,雷刚,计秉玉,等.考虑变形影响的致密砂岩油藏非线性渗流特征[J].岩石力学与工程学报,2013,32(S2):3187-3196.

[18] 安建桥.非常规致密砂岩油藏微观孔隙结构特征与水驱油效率[D].西安:西安石油大学,2017:57-95.

[19] 何梦莹.致密砂岩渗吸规律研究[D].武汉:长江大学,2017:18-42.

[20] 王璐琦.JA致密砂岩油藏压裂前后注水与注气优选实验研究[D].成都:西南石油大学,2016:25-33.

[21] 刘雪芬.超低渗透砂岩油藏注水特性及提高采收率研究[D].成都:西南石油大学,2015:42-58.

[22] 孙立辉.合水长7致密油藏渗流规律及注水可行性研究[D].西安:西安石油大学,2014:78-89.

[23] 杨庆红,谭吕,蔡建超,等.储层微观非均质性定量表征的分形模型[J].地球物理学进展,2012,27(2):603-609.

[24] 陆小兵,王勇,宋昭杰,等.姬塬油田长8致密储层欠注机理研究及认识[J].石油天然气学报,2014,36(12):236-239+14-15.

[25] 郝永卯,薄启炜,陈月明,等.CO_2驱油实验研究[J].石油勘探与开发,2005,32(2):110-112.

[26] 朱志宏,周惠忠.吉林新立油田CO_2非混相驱模拟研究[J].清华大学学报(自然科学版)1996,36(11):58-64.

[27] 谈士海,张文正.非混相CO_2驱油在油田增产中的应用[J].石油钻探技术,2001,29(2):58-60.

[28] 赵明国,李金珠,王忠滨.特低渗透油藏CO_2非混相驱油机理研究[J].科

学技术与工程，2011，11(7)：1438-1440.

[29] ZEYA L, YONGAN G. Soaking effect on miscible CO_2 flooding in a tight sandstone formation[J]. Fuel, 2014, 134：659-668.

[30] 谢尚贤，韩培慧. 大庆油田萨南东部过渡带注CO_2驱油先导性矿场实验研究[J]. 油气采收率技术，1997，4(3)：13-19.

[31] 刘学伟，梅士盛，杨正明. CO_2非混相驱微观实验研究[J]. 特种油气藏，2006，13(3)：91-92.

[32] 姜洪福，雷友忠，熊霄，等. 大庆长垣外围特低渗透扶杨油层CO_2非混相驱油实验研究[J]-现代地质，2008，22(4)：659-663.

[33] ZHANG X, CHEN H, LI B, et al. Determination of minimum near-miscible pressure during CO_2 flooding in an offshore oilfield[J]. In IOP Conference Series：Earth and Environmental Science, 2018. 108(3)：032041.

[34] AHMADI M A, ZENDEHBOUDI S, JAMES L A. A reliable strategy to calculate minimum miscibility pressure of CO_2-oil system in miscible gas flooding processes [J]. Fuel, 2017, 208：117-126.

[35] 国殿斌，房倩，聂法健. 水驱废弃油藏CO_2驱提高采收率技术研究[J]. 断块油气田，2012，19(02)：187-190.

[36] 李军，张军华，谭明友，等. CO_2驱油及其地震监测技术的国内外研究现状[J]. 岩性油气藏，2016，28(01)：128-134.

[37] 秦积舜，韩海水，刘晓蕾. 美国CO_2驱油技术应用及启示[J]. 石油勘探与开发，2015，42(02)：209-216.

[38] 尚宝兵，廖新维，卢宁，等. CO_2驱水气交替注采参数优化——以安塞油田王窑区块长6油藏为例[J]. 油气地质与采收率，2014，21(03)：70-72+77+115-116.

[39] 胡滨，胡文瑞，李秀生，等. 老油田二次开发与CO_2驱油技术研究[J]. 新疆石油地质，2013，34(04)：436-440.

[40] 张德平. CO_2驱采油技术研究与应用现状[J]. 科技导报，2011，29(13)：75-79.

[41] 李士伦，周守信，杜建芬，等. 国内外注气提高石油采收率技术回顾与展望[J]. 油气地质与采收率，2002(02)：1-5+5.

[42] SONG Z, ZHU W, WANG X er al. 2-D Pore-scale experimental investigations of asphaltene deposition and heavy oil recovery by CO_2 flooding[J]. Energy & Fuels, 2018, 32(3), 3194-3201.

[43] MENG C, YONGAN G. Oil recovery mechanisms and asphaltene precipitation

phenomenon in immiscible and miscible CO_2 flooding processes [J]. Fuel, 2013, 109: 157-166.

[44] JAVAD S A, SOMAYYE N, SOHRAB Z. A new experimental and modeling strategy to determine asphaltene precipitation in crude oil [J]. Chemical Engineering Research and Design, 2017, 128.

[45] DONG Z, WANG J, LIU G, LIN M, et al. Experimental study on asphaltene precipitation induced by CO_2 flooding [J]. Petroleum Science, 2014, 11(01): 174-180.

[46] 阮哲, 王祺来. 沥青质沉积机理研究综述[J]. 当代化工, 2016, 45(01): 125-128.

[47] 马艳丽, 梅海燕, 张茂林, 等. 沥青沉积机理及预防[J]. 特种油气藏, 2006(03): 94-96+110.

[48] 贾英. 注CO_2含沥青质重质原油沉积机理研究[D]. 成都: 西南石油大学, 2006: 55-46.

[49] 蒲万芬. 油田开发过程中的沥青质沉积[J]. 西南石油学院学报, 1999(04): 38-41+3.

[50] RENDEL P M, WOLFF B D, GAVRIELI I, et al. A novel experimental system for the exploration of CO_2-water-rock interactions under conditions relevant to CO_2 geological storage [J]. Chemical Engineering Journal, 2018, 334: 1206-1213.

[51] BAKKER E, KASZUBA J P, HANGX S J. Assessing chemo-mechanical behavior induced by CO_2-water-rock interactions in clay-rich fault gouges [J]. Procedia Earth and Planetary Science, 2017, 17: 292-295.

[52] 郭冀隆. 二氧化碳地质封存过程中CO_2-水-岩相互作用实验研究[D]. 北京: 中国地质大学(北京), 2017: 15-19.

[53] 王晓宇. 埋藏条件下CO_2-地层水-砂岩相互作用实验及其地质应用[D]. 南京: 南京大学, 2017: 18-33.

[54] 李紫晶, 郭冀隆, 张阳阳, 等. 砂岩高温超临界CO_2水岩模拟实验及其地质意义[J]. 天然气工业, 2015, 35(05): 31-38.

[55] 赵明, 郭志强, 卿华, 等. 岩石铸体薄片鉴定与显微图像分析技术的应用[J]. 西部探矿工程, 2009, 21(03): 66-68.

[56] 赵明. 岩石薄片显微图像技术在储集层评价中的应用[J]. 录井工程, 2007(03): 13-16+74-75.

[57] SY/T 6103—2004. 岩石孔隙结构特征的测定-图像分析法[S]. 北京: 石油

工业出版社，2004．

[58] 李爱芬．油层物理学[M]．山东东营：中国石油大学出版社，2011．

[59] 高辉，解伟，杨建鹏，等．基于恒速压汞技术的特低-超低渗砂岩储层微观孔喉特征[J]．石油实验地质，2011，33(2)：206-211+214．

[60] 柴智，师永民，徐常胜，等．人造岩心孔喉结构的恒速压汞法评价[J]．北京大学学报(自然科学版)，2012，48(5)：770-774．

[61] 郭素枝．扫描电镜技术及应用[M]．福建厦门：厦门大学出版社，2006．

[62] 陈生蓉，帅琴，高强，等．基于扫描电镜-氮气吸脱附和压汞法的页岩孔隙结构研究[J]．岩矿测试，2015，34(06)：636-642．

[63] 王羽，金婵，汪丽华，等．应用氩离子抛光-扫描电镜方法研究四川九老洞组页岩微观孔隙特征[J]．岩矿测试，2015，34(03)：278-285．

[64] 肖立志．核磁共振成像测井与岩石核磁共振及其应用[M]．北京：科学出版社，1998．

[65] 肖立志，石红兵．低场核磁共振岩心分析及其在测井解释中的应用[J]．测井技术，1998，22(1)：42-49．

[66] 李艳，范宜仁，邓少贵，等．核磁共振岩心实验研究储层孔隙结构[J]．勘探地球物理进展，2008，31(2)：129-132．

[67] 范宜仁，倪自高，邓少贵，等．储层性质与核磁共振测量参数的实验研究[J]．石油实验地质，2005，27(6)：624-626．

[68] 何雨丹，毛志强，肖立志，等．利用核磁共振T_2分布构造毛管压力曲线的新方法[J]．吉林大学学报(地球科学版)，2005，35(2)：177-181．

[69] 高辉，孙卫，田育红，等．核磁共振技术在特低渗砂岩微观孔隙结构评价中的应用[J]．地球物理学进展，2011，26(1)：294-299．

[70] XIAO L, MAO Z, LI J, et al. Effect of hydrocarbon on evaluating formation pore structure using nuclear magnetic resonance (NMR) logging[J]. Fuel, 2018, 216：199-207.

[71] BROWN J R, TRUDNOWSKI J, NYBO E, et al. Quantification of non-Newtonian fluid dynamics of a wormlike micelle solution in porous media with magnetic resonance[J]. Chemical Engineering Science, 2017, 173：145-152.

[72] 刘忠群，高青松，张健．大牛地气田山西组储层孔隙结构特征[J]．天然气工业，2001(S1)：53-55+7．

[73] 林景晔．砂岩储集层孔隙结构与油气运聚的关系[J]．石油学报，2004(01)：44-47．

[74] 胡勇，朱华银，万玉金，等．大庆火山岩孔隙结构及气水渗流特征[J]．西

南石油大学学报，2007(05)：63-65+89+200.

[75] 高辉. 特低渗透砂岩储层微观孔隙结构与渗流机理研究[D]. 西安：西北大学，2009：15-27.

[76] 赵继勇，刘振旺，谢启超，等. 鄂尔多斯盆地姬塬油田长7致密油储层微观孔喉结构分类特征[J]. 中国石油勘探，2014，19(05)：73-79.

[77] 卢双舫，李俊乾，张鹏飞，等. 页岩油储集层微观孔喉分类与分级评价[J]. 石油勘探与开发，2018(03)：1-9.

[78] DEVARAPALLI R S, ISLAM A, FAISAL T F, et al. Micro-CT and FIB-SEM imaging and pore structure characterization of dolomite rock at multiple scales[J]. Arabian Journal of Geosciences, 2017, 10(16): 361.

[79] ADRIAN. Pore microgeometry analysis in low resistivity sandstone reservoirs[J]. Journal of Petroleum Science and Engineering, 2002, 35(3-4): 205-232.

[80] 张学丰，蔡忠贤，胡文瑄，等. 应用Adobe Photoshop定量分析岩石结构[J]. 沉积学报，2009，27(04)：667-673.

[81] JAVAD Y, GHIASI F, IMAN, et al. Semi-automated porosity identification from thin section i-mages using image analysis and interlligent discriminant classi-fiers[J]. Computers&Geosciences, 2012, 45: 36-45.

[82] 陈更新，刘应如，郭宁，等. 铸体薄片的分形表征——以柴达木盆地昆北新区为例[J]. 岩性油气藏，2016，28(01)：72-76+87.

[83] 卢晨刚，张遂安，毛潇潇，等. 致密砂岩微观孔隙非均质性定量表征及储层意义——以鄂尔多斯盆地X地区山西组为例[J]. 石油实验地质，2017，39(04)：556-561.

[84] 孙军昌，周洪涛，郭和坤，等. 复杂储层岩石微观非均质性分形几何描述[J]. 武汉工业学院学报，2009，28(3)：42-46.

[85] GEORGIA S, ARAUJO A, KÁTIA V, et al. Use of digital image analysis combined with fractal theory to determine particle morphology and surface texture of quartz sands[J]. Journal of Rock Mechanics and Geotechnical Engineering, 2017, 9(06): 1131-1139.

[86] 刘义坤，王永平，唐慧敏，等. 毛管压力曲线和分形理论在储层分类中的应用[J]. 岩性油气藏，2014，26(03)：89-92+100.

[87] 李大勇，臧士宾，任晓娟，等. 用分形理论研究低渗储层孔隙结构[J]. 辽宁化工，2010，39(07)：723-726.

[88] 李云省，邓鸿斌，吕国祥. 储层微观非均质性的分形特征研究[J]. 天然气

工业，2002(01)：37-40+8.

[89] 赵文光，蔡忠贤，韩中文．应用定量方法描述储层孔隙结构的非均质性[J]．新疆石油天然气，2006(03)：22-25+102.

[90] 沈金松，张宸恺．应用分形理论研究鄂尔多斯ZJ油田长6段储层孔隙结构的非均质性[J]．西安石油大学学报（自然科学版），2008(06)：19-23+28+118.

[91] 王欣，齐梅，李武广，等．基于分形理论的页岩储层微观孔隙结构评价[J]．天然气地球科学，2015，26(04)：754-759.

[92] 吴浩，刘锐娥，纪友亮，等．致密气储层孔喉分形特征及其与渗流的关系——以鄂尔多斯盆地下石盒子组盒8段为例[J]．沉积学报，2017，35(01)：151-162.

[93] 刘堂宴，马在田，傅容珊．核磁共振谱的岩石孔喉结构分析[J]．地球物理学进展，2003(04)：737-742.

[94] 赵杰，姜亦忠，王伟男，等．用核磁共振技术确定岩石孔隙结构的实验研究[J]．测井技术，2003(03)：185-188+265.

[95] 谭茂金，赵文杰．用核磁共振测井资料评价碳酸盐岩等复杂岩性储集层[J]．地球物理学进展，2006(02)：489-493.

[96] 王志战，许小琼．利用核磁共振录井技术定量评价储层的分选性[J]．波谱学杂志，2010，27(02)：214-220.

[97] 冯晓楠，姜汉桥，李威，等．应用核磁共振技术研究低渗储层压裂液伤害[J]．复杂油气藏，2015，8(03)：75-79.

[98] 韩文学，高长海，韩霞．核磁共振及微、纳米CT技术在致密储层研究中的应用——以鄂尔多斯盆地长7段为例[J]．断块油气田，2015，22(01)：62-66.

[99] 张绍辉，王凯，王玲，等．CO_2驱注采工艺的应用与发展[J]．石油钻采工艺，2016，38(06)：869-875.

[100] 张瀚奭．高倾角油藏CO_2近混相驱三次采油开发机理及矿场应用研究[D]．成都：西南石油大学，2015：18-28.

[101] 佴元兵，胡丹丹，常毓文，等．CO_2驱提高低渗透油藏采收率的应用现状[J]．新疆石油天然气，2010，6(01)：36-39+54+104.

[102] 李梅霞．国内外三次采油现状及发展趋势[J]．当代石油石化，2009，16(12)：19-25.

[103] 李士伦，孙雷，郭平，等．再论我国发展注气提高采收率技术[J]．天然气工业，2006，26(12)：30-34.

[104] 李士伦, 周守信. 国内外注气提高石油采收率技术回顾与展望[J]. 油气地质与采收率, 2002, 9(2): 1-5.

[105] 袁玉凤. 吐哈低渗稠油油藏注气提高采收率实验研究[D]. 成都: 西南石油大学, 2014: 25-36.

[106] 杜朝锋, 武平仓, 邵创国, 等. 长庆油田特低渗透油藏二氧化碳驱提高采收率室内评价[J]. 油气地质与采收率, 2010, 17(04): 63-64+76+115.

[107] 朱志宏, 周惠忠. 吉林新立油田 CO_2 非混相驱模拟研究[J]. 清华大学学报(自然科学版), 1996(11): 60-66.

[108] 杨胜来, 李新民, 郎兆新, 等. 稠油注 CO_2 的方式及其驱油效果的室内实验[J]. 石油大学学报(自然科学版), 2001(02): 62-65.

[109] 程杰成, 朱维耀, 姜洪福, 等. 特低渗透油藏 CO_2 驱油多相渗流理论模型研究及应用[J]. 石油学报, 2008(02): 246-251.

[110] 刘淑霞. 特低渗透油藏 CO_2 驱室内实验研究[J]. 西南石油大学学报(自然科学版), 2011, 33(2): 133-136.

[111] 国殿斌, 徐怀民. 深层高压低渗油藏 CO_2 驱室内实验研究——以中原油田胡96块为例[J]. 油田化学, 2014, 36(1): 102-105.

[112] 史云清, 贾英, 潘伟义, 等. 低渗致密气藏注超临界 CO_2 驱替机理[J]. 石油与天然气地质, 2017, 38(03): 610-616.

[113] 崔璐. 沥青质分子聚集及解聚的初步探究[D]. 青岛: 中国石油大学(华东), 2015: 15-29.

[114] 卢贵武, 李英峰, 宋辉, 等. 石油沥青质聚沉的微观机理[J]. 石油勘探与开发, 2008(01): 67-72.

[115] 盖德成. 梳形聚合物对沥青质聚集行为和稠油高压流变性质的影响[D]. 上海: 华东理工大学, 2017: 16-43.

[116] 王智超. 油砂热解过程中沥青质的结构变化[D]. 吉林: 东北电力大学, 2015: 14-78.

[117] 阮哲, 王祺来. 沥青质沉积机理研究综述[J]. 当代化工, 2016, 45(01): 125-128.

[118] 李美霞. 沥青质沉积问题文献综述[J]. 特种油气藏, 1996(03): 59-62.

[119] Behbahani, T J, Ghotbi, et al. Investigation of asphaltene adsorption in sandstone core sample during CO_2 injection: Experimental and modified modeling [J]. Fuel, 2014, 133, 63-72.

[120] 林冬娟, 林冬萍. CO_2 驱油过程中储层堵塞实验研究[J]. 石化技术, 2015, 22(08): 183+179.

[121] 曹建宝. 塔河油田奥陶系稠油沥青质堵塞物实验研究[J]. 承德石油高等专科学校学报, 2010, 12(02): 39-42.

[122] 李江龙, 康志江, 黄咏梅, 等. 塔河油田奥陶系油藏重质烃类堵塞物形成机理及防治方法[J]. 石油与天然气地质, 2008(03): 369-375.

[123] 汪伟英. 多孔介质中沥青堵塞机理[J]. 大庆石油地质与开发, 2002(06): 36-37+47-64.

[124] 伍增贵, 鞠斌山, 栾志安, 等. 埕北油田沥青质堵塞综合研究[J]. 石油勘探与开发, 2000(05): 98-101+14-3.

[125] PAPADIMITRIOU N I. Experimental investigation of asphaltene deposition mechanism during oil flow in core samples[J]. SPE J, 2007, 57(3-4): 281-293.

[126] WANG X Q, GU Y A. Oil recovery and permeability reduction of a tight sandstone reservoir in immiscible and miscible CO_2 flooding processes[J]. Ind Eng Chem Res, 2011, 50(4): 2388-2399.

[127] LEONTARITIS K J, AMAEFULE J O, CHARLES R E. A systematic approach for the prevention and treatment of formation damage caused by asphaltene deposition[J]. SPE Production & Facilities. 1994, 19(03): 157-164.

[128] KAMATH V A, YANG J, SHARMA G D. Effect of asphaltene deposition on dynamic displacements of oil by water[A]. Paper SPE 26046-MS, presented at SPE Western Regional Meeting[C]. Anchorage, Alaska, 26-28 May, 1993.

[129] SHEDID S A. Influences of asphaltene precipitation on capillary pressure and pore size distribution of carbonate reservoirs[J]. Pet Sci Technol. 2001, 19(5-6), 503-519.

[130] YI Z, TETSUYA K, SHUN C, et al. Influence of heterogeneity on relative permeability for CO_2/Brine: CT observations and numerical modeling[J]. Energy Procedia, 2013, 37: 4647-4654.

[131] MONZURUL A M, MORTEN L H, HELLE F C, et al. Petrophysical and rock-mechanics effects of CO_2 injection for enhanced oil recovery: Experimental study on chalk from South Arne field, North Sea[J]. Journal of Petroleum Science and Engineering, 2014, 122: 468-487.

[132] GAUS I. Role and impact of CO_2-rock interactions during CO_2 storage in sedimentary rocks[J]. International Journal of Greenhouse Gas Control, 2010, 4(1): 73-89.

[133] FISCHER S, LIEBSCHER A, WANDREY M, et al. CO_2-brine-rock intera-

tion-First results of long-term exposure experiments at in situ P-T coditions of the Ketzin CO_2 reservoir[J]. Chemie der Erde. 2010, S3: 155-164.

[134] LIN H, TAKASHI F, REISUKE T, et al. Experimental evaluation of interactions in supercritical CO_2/water/rock minerals system under geologic CO_2 sequestration conditions[J]. Journal of Materials Science, 2008, 43(7): 2307-2315.

[135] KNAUSS K G, JOHNSON J W, STEEFEL C I, et al. Evaluation of the Impact of CO_2, Aqueous Fluid, and Reservoir Rock Interactions on the Geologic Sequestration of CO_2, with Special Emphasis on Economic Implications: First national conference on carbon sequestration[J]. National Energy Technology Laboratory USA, Washington, DC, 2001: 26-37.

[136] 王晓宇. 埋藏条件下 CO_2-地层水-砂岩相互作用实验及其地质应用[D]. 南京: 南京大学, 2017: 35-46.

[137] 李紫晶, 郭冀隆, 张阳阳, 等. 砂岩高温超临界 CO_2 水岩模拟实验及其地质意义[J]. 天然气工业, 2015, 35(05): 31-38.

[138] 于志超, 杨思玉, 刘立, 等. 饱和 CO_2 地层水驱过程中的水-岩相互作用实验[J]. 石油学报, 2012, 33(06): 1032-1042.

[139] ROSS G D, TODD A C, TWEEDIE J A, et al. The dissolution effects of CO_2-brine systems on the permeability of U. K. and North Sea calcareous sandstones[C]. Proc 3rd Joint SPE/DOE Symp. Enhanced Oil Recovery, 1982, 149-162 (SPE/DOE 10685).

[140] RYOJI S, THOMAS L. Experimental study on water-rock interactions during CO_2 flooding in the Tensleep Formation, Wyoming, USA[J]. Applied Geochemistry, 2000, 15(3): 265-279.

[141] BAKER J C. Diagenesis and reservoir quality of the Aldebaran Sandstone, Denison Trough, east-central Queensland, Australia[J]. Sedimentol, 1991, 38: 819-838.

[142] LIU K, EADINGTON P J, COGHLAN D. Fluorescence cvidence of polar hydrocarbon interaction on mineral surface and implications to alteration of reservoir wettability[J]. Journal of Petroleum Science and Engineering, 2003, 39(3-4): 275-285.

[143] LUQUOT L M, ANDREANI M P, GOUZE P P, et al. CO_2 percolation experiment through chlorite/zeolite—rich sandstone(Pretty Hill Formation-Otway Basin-Australia)[J]. Chemical Geology, 2012: 75-88, 294-295.

[144] 于淼,刘立,杨思玉,等.CO_2-盐水-砂岩相互作用实验研究[J].矿物学报,2015,35(S1):803.

[145] 于志超.饱和CO_2地层水驱过程中的水—岩相互作用研究[D].吉林:吉林大学,2013:25-121.

[146] 于志超,杨思玉,刘立,等.饱和CO_2地层水驱过程中的水-岩相互作用实验[J].石油学报,2012,33(06):1032-1042.

[147] 袁珍.鄂尔多斯盆地东南部上三叠统油气储层特征及其主控因素研究[D].西安:西北大学,2011:17-59.

[148] GAO H, LIU Y L, ZHANG Z, et al. Impact of secondary and tertiary floods on microscopic residual oil distribution in medium-to-high permeability cores with NMR technique[J]. Energy Fuels, 2015, 29(8), 4721-4729.

[149] 刘晓蕾,杨思玉,秦积舜,等.二氧化碳对原油中胶质沥青质作用的可视化研究[J].特种油气藏,2017,24(02):149-154.

[150] Clelland, W D, T W Fens. "Automated rock characterization with SEM/image-analysis techniques[J]. SPE Formation Evaluation 6.04(1991):437-443.

[151] Cerepi, Adrian, Claudine Durand, et al. Pore microgeometry analysis in low-resistivity sandstone reservoirs[J]. Journal of Petroleum Science and Engineering 35.3-4(2002):205-232.

[152] 王乾右,杨威,左如斯,等.联合微米CT和高压压汞的致密储层孔喉网络结构差异定量评价[J].能源与环保,2019,41(07):80-85+94.

[153] 高云丛,赵密福,王建波,等.特低渗油藏CO_2非混相驱生产特征与气窜规律[J].石油勘探与开发,2014,41(01):79-85.

附　　录

岩心样品照片

塬29-100井,2606.24m,长8_1

塬29-100井,2606.24m,长8_1

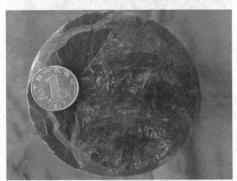
塬29-100井,2602.14m,长8_1

塬28-100井,2613.60m,长8_1

塬28-99井,2625.31m,长8_2

塬28-99井,2639.26m,长8_2

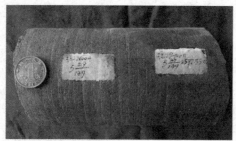

塬29-100井,2587.55m,长8_1

铸体薄片

粒间孔、粒间溶孔和粒内溶孔

泥质和泥晶碳酸盐混杂分布粒间

粒间孔和粒间溶孔

少量为粒内溶孔,连通性差

泥质和泥晶碳酸盐混杂分布粒间

石英次生加大

附录

少量白云石胶结、交代颗粒　　　　　　　　黏土矿物多分布于粒间或粒边

云母多具定向排列　　　　　　　　　　　　白云石胶结、交代颗粒

少量粒内溶孔,偶见铸模孔　　　　　　　　粒间孔和粒间溶孔

泥质和泥晶碳酸盐混杂分布　　　　　　　　极细粒长石岩屑砂岩

附录

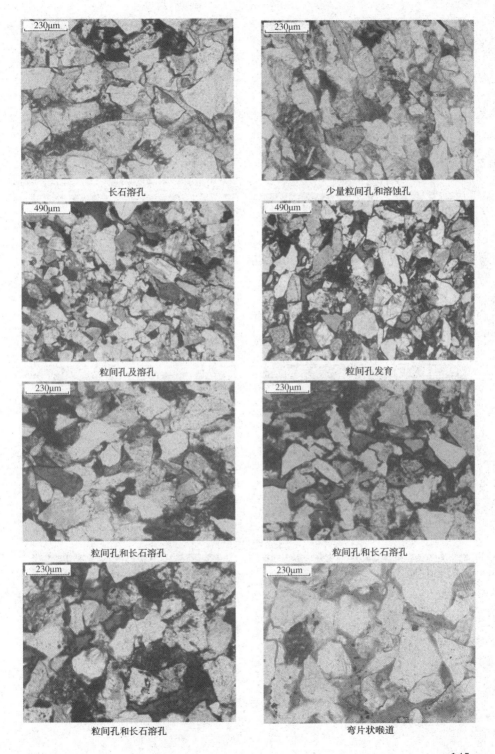

长石溶孔　　　　　　　　　　　　少量粒间孔和溶蚀孔

粒间孔及溶孔　　　　　　　　　　粒间孔发育

粒间孔和长石溶孔　　　　　　　　粒间孔和长石溶孔

粒间孔和长石溶孔　　　　　　　　弯片状喉道

扫描电镜图片

附录

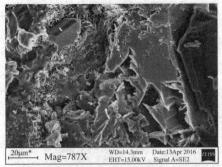
长石碎屑的溶蚀与自生石英,639×

粒间孔充填的蠕虫状高岭石,755×

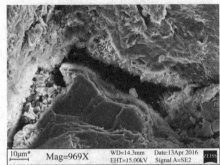
粒间孔与高岭石、叶片状绿泥石,969×

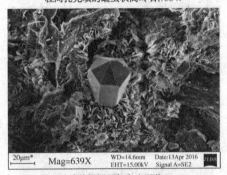
粒间叶片状绿泥石与自生石英,639×

粒间充填的散片状高岭石,302×

粒间充填的自生石英与高岭石,290×

石英次生加大与叶片状绿泥石,821×

粒间充填的自生石英,478×

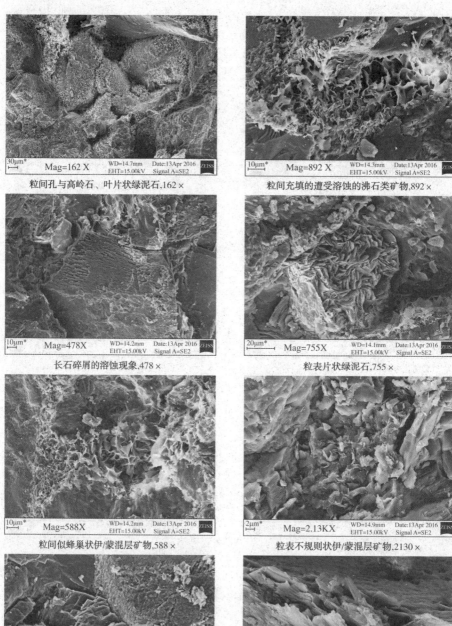

粒间孔与高岭石、叶片状绿泥石,162×

粒间充填的遭受溶蚀的沸石类矿物,892×

长石碎屑的溶蚀现象,478×

粒表片状绿泥石,755×

粒间似蜂巢状伊/蒙混层矿物,588×

粒表不规则状伊/蒙混层矿物,2130×

粒间充填的方解石胶结物,722×

定向片状伊利石,2410×

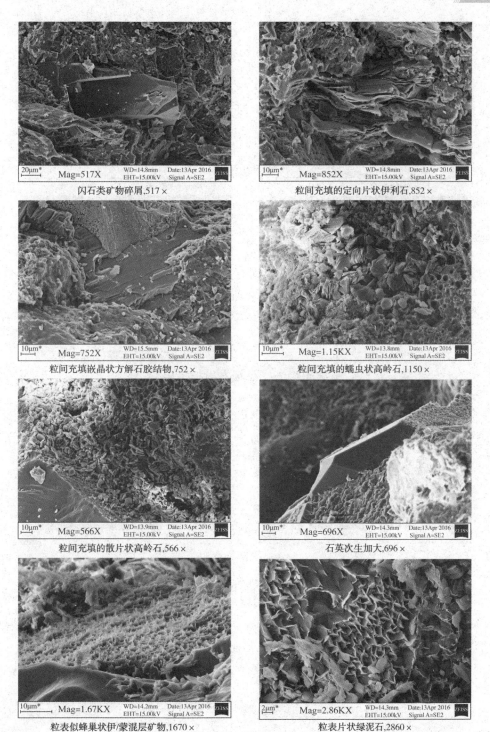

闪石类矿物碎屑,517×　　　　　　　　　粒间充填的定向片状伊利石,852×

粒间充填嵌晶状方解石胶结物,752×　　　粒间充填的蠕虫状高岭石,1150×

粒间充填的散片状高岭石,566×　　　　　石英次生加大,696×

粒表似蜂巢状伊/蒙混层矿物,1670×　　　粒表片状绿泥石,2860×

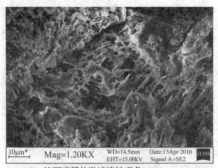
长石碎屑的淋滤溶蚀现象,1200×

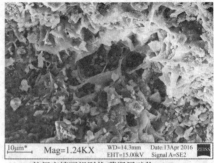
粒间充填不规则状/蒙混层矿物,1240×

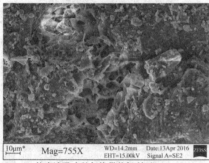
粒内溶孔中的似蜂巢状伊利石,755×

粒表的叠片状伊利石,1810×

氩离子抛光样品场发射扫描电镜

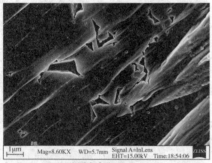
碎屑中溶孔,8600×

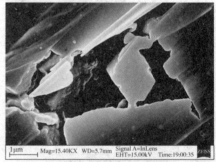
胶结物晶间溶孔,15400×

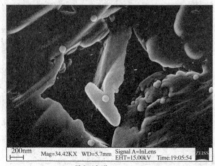
晶间溶孔,34420×

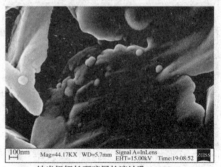
纳米级钾长石碎屑的溶蚀孔,44170×

附录

纳米级粒内溶孔,124930×

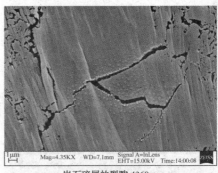
岩石碎屑的裂隙,4360×

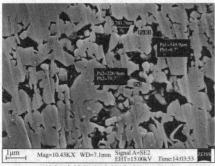
粒间胶结物微米级溶孔,10430×

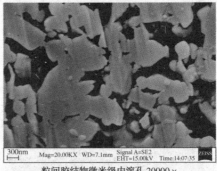
粒间胶结物微米级内溶孔,20000×

粒间胶结物内溶孔,8960×

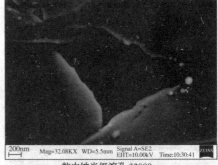
粒内纳米级溶孔,32080×

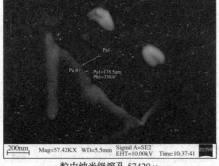
粒内纳米级溶孔,57420×

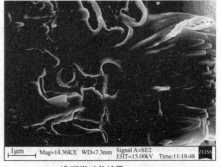
沸石类矿物溶孔,14360×

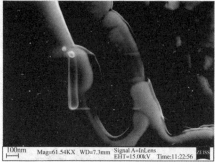
沸石类矿物纳米级溶孔,61540×

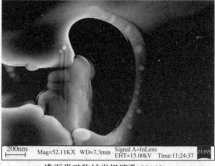
沸石类矿物纳米级溶孔,52110×

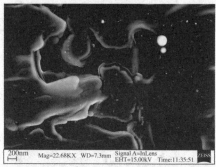
沸石类矿物纳米级溶孔,22680×

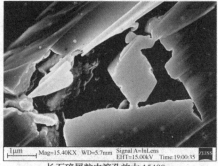
长石碎屑粒内溶孔放大,15400×

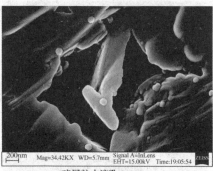
碎屑粒内溶孔,34420×

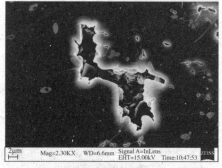
粒内溶孔放大,2300×

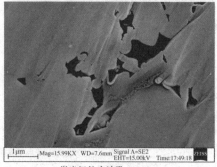
微米级粒内溶孔,15990×

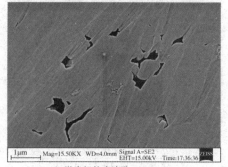
微米级粒内溶孔,15500×

附录

粒内溶孔,6890×

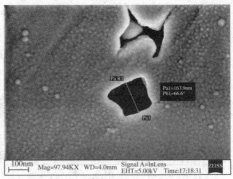

纳米级,9794×

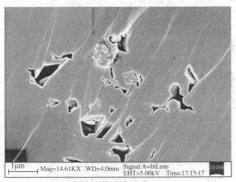

长石碎屑的淋滤溶蚀孔,14610×

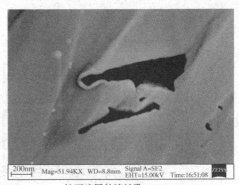

长石碎屑的溶蚀孔,51940×

高压压汞曲线

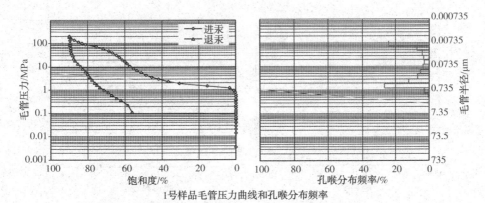

1号样品毛管压力曲线和孔喉分布频率

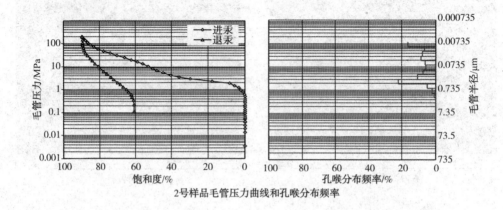

2号样品毛管压力曲线和孔喉分布频率

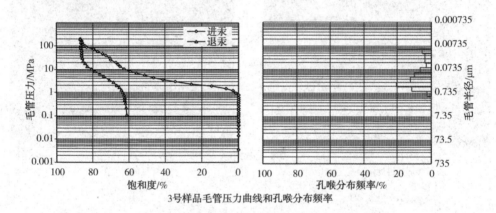

3号样品毛管压力曲线和孔喉分布频率

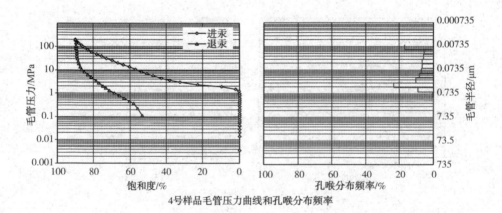

4号样品毛管压力曲线和孔喉分布频率

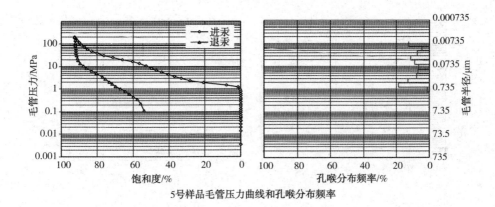

5号样品毛管压力曲线和孔喉分布频率

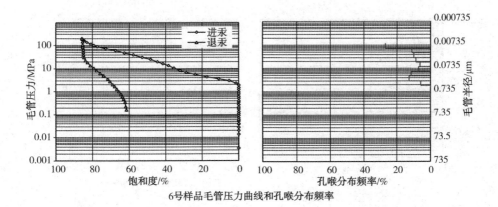

6号样品毛管压力曲线和孔喉分布频率

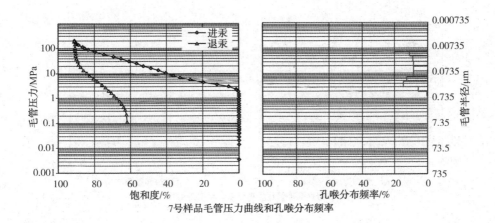

7号样品毛管压力曲线和孔喉分布频率

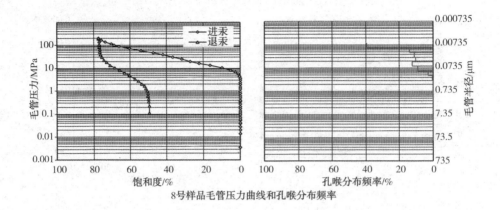

8号样品毛管压力曲线和孔喉分布频率

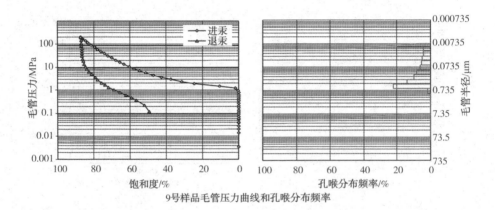

9号样品毛管压力曲线和孔喉分布频率

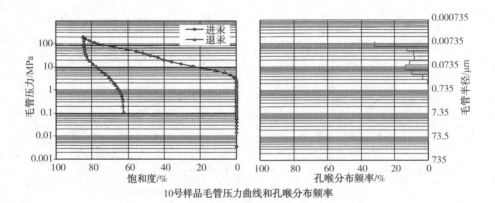

10号样品毛管压力曲线和孔喉分布频率

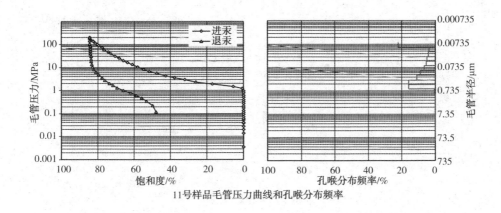

11号样品毛管压力曲线和孔喉分布频率

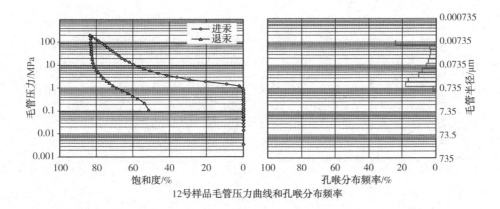

12号样品毛管压力曲线和孔喉分布频率

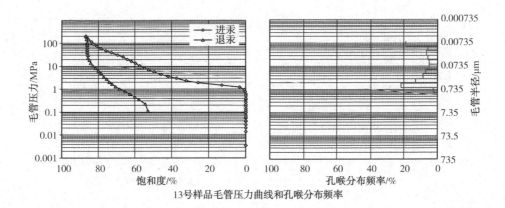

13号样品毛管压力曲线和孔喉分布频率

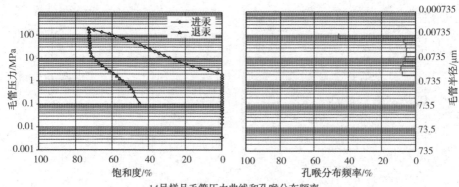

14号样品毛管压力曲线和孔喉分布频率

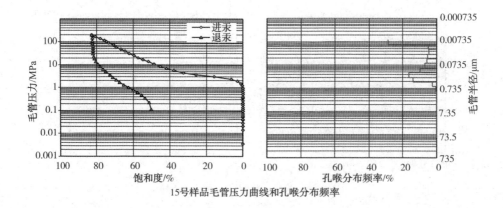

15号样品毛管压力曲线和孔喉分布频率

16号样品毛管压力曲线和孔喉分布频率

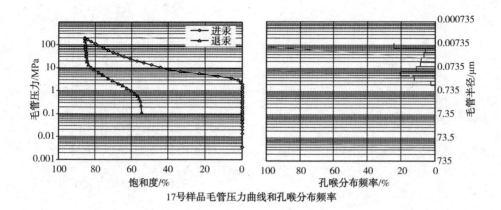

17号样品毛管压力曲线和孔喉分布频率

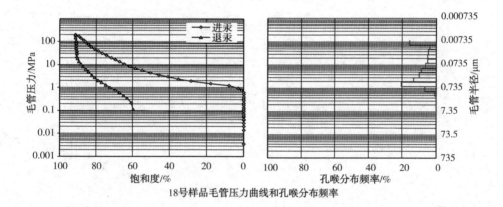

18号样品毛管压力曲线和孔喉分布频率

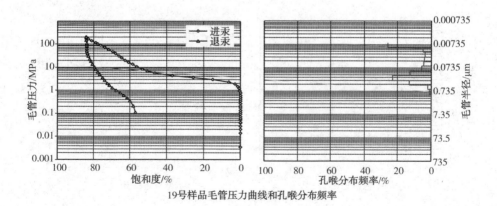

19号样品毛管压力曲线和孔喉分布频率

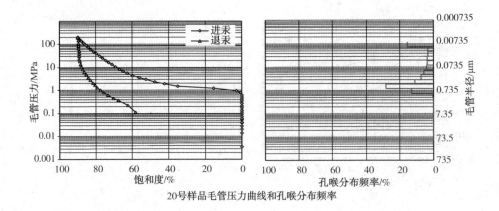

20号样品毛管压力曲线和孔喉分布频率

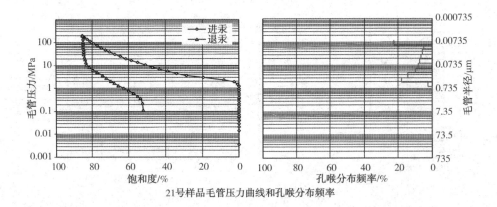

21号样品毛管压力曲线和孔喉分布频率

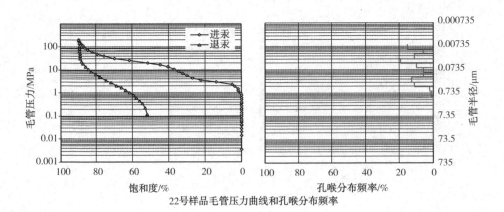

22号样品毛管压力曲线和孔喉分布频率

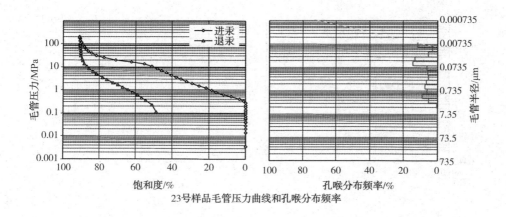

23号样品毛管压力曲线和孔喉分布频率

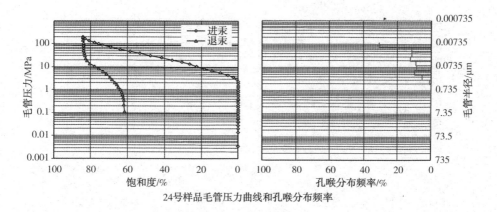

24号样品毛管压力曲线和孔喉分布频率

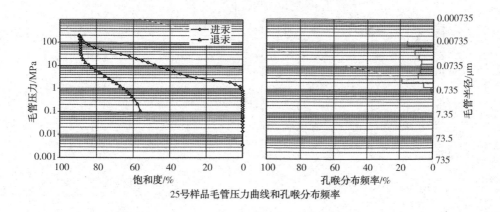

25号样品毛管压力曲线和孔喉分布频率

— 161 —

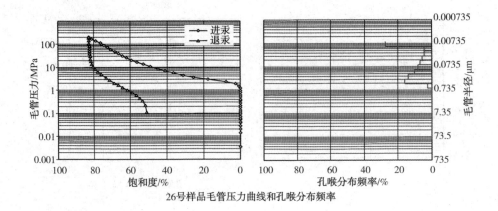

26号样品毛管压力曲线和孔喉分布频率

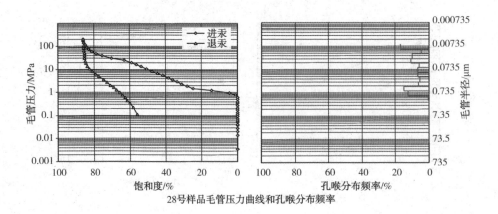

27号样品毛管压力曲线和孔喉分布频率

28号样品毛管压力曲线和孔喉分布频率

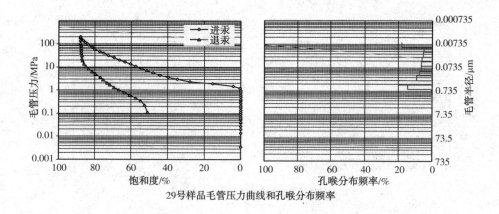

29号样品毛管压力曲线和孔喉分布频率

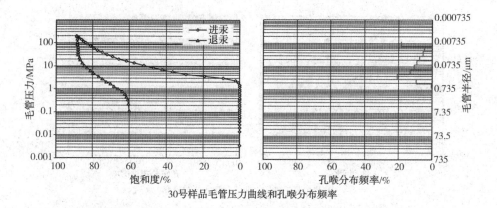

30号样品毛管压力曲线和孔喉分布频率

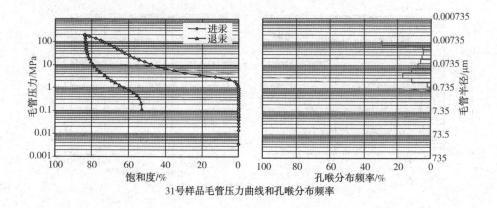

31号样品毛管压力曲线和孔喉分布频率

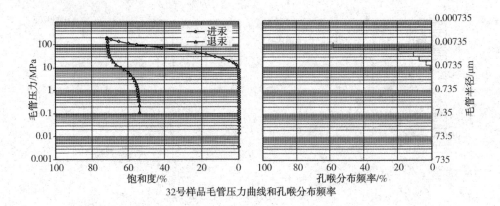

32号样品毛管压力曲线和孔喉分布频率

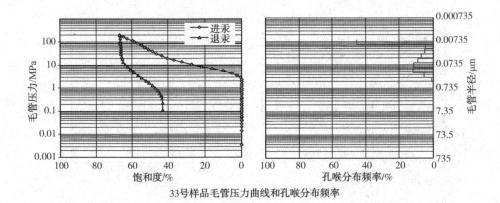

33号样品毛管压力曲线和孔喉分布频率

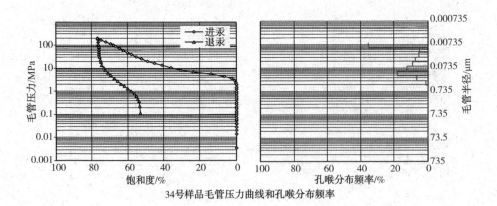

34号样品毛管压力曲线和孔喉分布频率

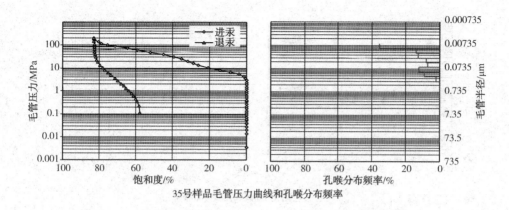

35号样品毛管压力曲线和孔喉分布频率

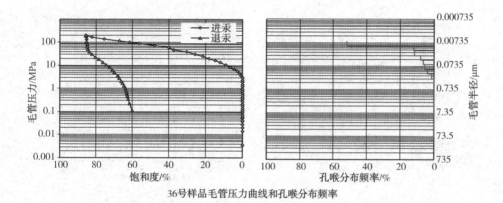

36号样品毛管压力曲线和孔喉分布频率

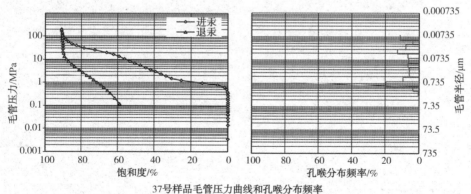

37号样品毛管压力曲线和孔喉分布频率

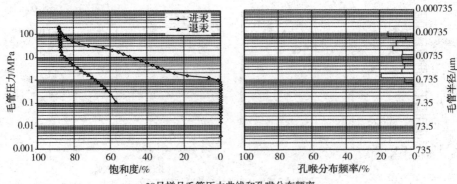

38号样品毛管压力曲线和孔喉分布频率

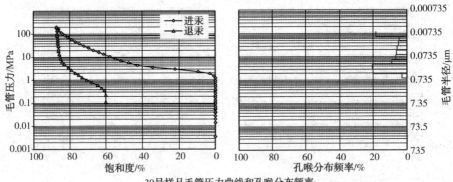

39号样品毛管压力曲线和孔喉分布频率